理解

现实

困惑

数字病人

一本书读懂社交媒体时代的21种焦虑

Die Psyche des Homo Digitalis.

Johannes Hepp

[德] 约翰内斯·赫普 _ 著

晏松 _ 译

中国纺织出版社有限公司

推荐序1 每个人都是"数字病人"吗？

文 / 苏彦捷

北京大学心理与认知科学学院教授、博士生导师

教育部高等学校心理学类专业教学指导委员会秘书长

中国心理学会理事长

在社交媒体时代，我们每个人都或多或少地被媒介的特征所塑造，成为"数字人"，甚至"数字病人"。约翰内斯·赫普的这本书，以其深刻的洞察力和敏锐的社会观察，为我们描绘了一幅全景图，帮助我们理解如何面对和处理内心的焦虑与挑战。

书中对社交媒体时代的焦虑进行了细致的分类和分析，从网络依赖、错失恐惧、数字化孤独，到对未来的焦虑，每一种焦虑都可以从我们这个时代的现实生活中感受到。它们不仅仅是个体的心理状态，更是社会文化现象的反映。

在《数字病人》中，作者不仅剖析了数字化如何挑战个体的独特性和心理健康，还深入讨论了人工智能和机器学习技术对人类自我认知的影响——如何与智能机器共存并保持我们独特的人性和自主权，成为一个迫切需要解答的问题。赫普先生的见解为我们提供了一个反思的契机，促使我们思考在数字化浪潮中如何保持自我，以及如何保护我们的隐私和决策的自由。

在阅读这本书的过程中，我被作者的勇气和诚实所打动。他鼓励我们保持幽默感，用现实主义的态度面对挑战，这正是我们在这个时代中所需要的。

《数字病人》值得每一位心理学工作者、教育者、家长以及对数字时代心理问题感兴趣的读者阅读。希望这本书能够激发更多的讨论和思考，帮助我们更好地理解数字时代的心理，以及如何在这个时代中找到自己的位置、保持自己的独特性。让我们一起面对挑战，拥抱变化，创造一个更加健康、和谐的数字社会。

推荐序 2 "数字智人"也要关注心理健康吗?

文 / 赵旭东

同济大学教授、博士生导师

中国心理卫生协会副理事长

世界心理治疗学会副主席、亚洲家庭治疗学院主席

2013 年,丹麦人娜塔莎·萨克斯贝里(Natasha Saxberg)在作品中探讨了"数字智人"(homo digitalis)这一概念。比利时人蒂里·海尔茨(Thierry Geerts)随之大力推广,并在 2023 年的一次 TED 演讲开始时高喊:"智人已经不再存在!数字智人万岁!"这些对技术进步乐观的人,为人类已经进化为新的"物种"而欢欣鼓舞。

哲学家孙周兴在讨论未来哲学时提到,尼采一百多年前所说的"末人与超人",乍看似乎对应着被淘汰的智人和进化升级的数字智人。确实,通过计算和规划而被克服掉的人就是末人,很像当下智人被替代的光景。但仔细推敲,现在被看好的数字智人能不能成为尼采期望的那种"重获和重振生命力、忠实于大地、生命权力的强者",却很值得怀疑,因为现代或后现代人类在心智、情感、行为模式方面已经显现出一些令人担忧的偏异,而不是值得赞许的人性进步或优化。

这几十年来，社会流行的一些躯体疾病，因交通便利、人员物资交流频繁、生活方式模仿，而在不同地域、民族和阶层间出现了趋同性。数字化带来的心理问题更是可以经由互联网而瞬间点燃和大面积传播。也许可以说，经济全球化与数字化像是同胞兄弟。乐观者为它们相得益彰、便利人类而欢呼可以理解，悲观者哀叹其狼狈为奸、高效且广泛地扭曲人性也不为过。

我同意作者详细描述、解说的每一种数字时代病症或综合征。他援引的案例也非常贴切、生动。出于医生和心理治疗师的天职，我们向来会在人们岁月静好的时候未雨绸缪，对隐患、对不好的事情、对难言之隐保持敏感性；在一些人兴致勃勃、目空一切、一厢情愿地坚持时，也会跳出来泼点冷水，或者张开"乌鸦嘴"说点让人难堪的话。

本书作者从心理健康服务领域出现的新现象出发，归纳了21种数字化时代新人类的新心理问题，为了解人工智能时代人类精神状况提供了丰富的例证。从这个角度前瞻人类前景，不免让人胆战心惊。本人从事与作者类似的临床服务和研究工作，很大程度上与其有共鸣。他在德语文化圈看到的问题，与我们在中华文化圈里处理的问题，大同小异；他提出的观点，对我们也有借鉴价值。

推荐序 3　在数字时代追寻心灵的自由

文 / 韩布新

中国心理学会原理事长

中国科学院心理研究所研究员、博士生导师、学位委员会主任

中国科学院大学心理系岗位教授、人文学科群学位委员会副主任

荣格先生曾经指出，文明的进程伴随着人性的流失。确实，现在的社会现象越来越印证了他的先见之明。当下的心理与行为问题主要表现在三个方面：情境适应性问题（在我国城镇居民中的发生率不到15%）、发展性创伤（超过50%）以及儒家所说的人性之恶（100%）。而科学心理学基于三个反人性的假设——人与人相同、人与动物相同、人与机器相同——被心理学家们以科学的名义不断推向极致。在学术界，重视大脑研究而忽视心灵，认知神经科学的独行其道让许多心理学研究者感到迷茫；而在应用领域，人工智能的飞速发展让人类感到了前所未有的挑战，每个人都深有体会。

数字焦虑已成为每个人日常生活的现实。有多少人沉迷于手机，难以从屏幕阅读的时代中抽身？我做讲座时喜欢现场调查，询问来自不同行业、不同年龄层的听众有多少人会在睡前关闭手机，每次举手者皆寥寥无几。智能手机对人的身心影响不容忽视。只要我每

天晚上十点关机,就能睡得很踏实;可一旦它在枕边亮着,便彻夜难安,仿佛只有断开数字连接,才能真正把"魂儿"还给自己。这些现象在当下尤为常见,也让我们更加需要去思考:在这个数字时代,个人与社会应当如何找到平衡?

本书详尽探讨了 21 种与数字时代相关的焦虑,这些焦虑在数字依赖的背景下表现得淋漓尽致。作者从爱和欣赏、工作和尊严、意义和希望这三个视角,深入分析了数字时代引发的焦虑、神经症与人格障碍,它们皆是我们当前现实困境的写照。通过翔实的事实和案例,作者阐释了这些焦虑的普遍性、多样性和严峻性,相信读者们在阅读后,会和我一样,对自身的经历、所见所闻、所思所虑深刻反思。

阅读本书时,我发现自己过去思考的一些问题得到了现象学的验证(如 ins 风、精准定向营销、人设崩塌),内在逻辑更加明确(BUMMER 模型),并提供了应对策略的指导(从外到内、弃虚崇实、心脑兼顾)。我相信,读者朋友们在阅读本书时,会认识到我们所处的世界——无论是全球的、中国的、身边的还是日常的——是如何将粉丝(个人)的时间转化为"流量",并将其变现的。这种实实在在的"智商税"让诱惑轻易取胜,使每个人在不知不觉中知情分离。

如今,我个人也越来越依赖电子阅读,最直接的体会是烦人的广告无处不在、层出不穷,甚至无法关闭,无限裹挟知情意。数字时代的贪婪无处不在,竭力唤起每个人和群体内在的恶。外化(脑)大行其道,内在(心)空间越来越小,使我们人类的环境适应难度几何级数地增加，各类焦虑因不确定和割裂所造成的后果越来越严重。因此，个人中心自我、社会中心自我、自然中心自我和宇宙中心自我（即"四重自我"）之间的连接变得愈加困难，四重自我的整合也变得越来越艰难。

因此，我盼望广大读者朋友能够认真阅读此书，理解我们当前所面临的不自由，思考、采纳乃至实践作者提出的种种建议。尽管人类（包括你我）常常知善不行、晓恶偏作，但我们仍需动心起念、愿能做成。期待读者朋友能喜欢此书，我乐于推荐。感谢晏松老师翻译了这本好书。希望读者品读、受益，在物欲横流的当下得到身心灵整合的自由。

是为序！

译者序　数据世界中的坚守与成长

文 / 晏松

德国康斯特大学终身教授

博士生导师、心理学专业负责人

2023年早春，中国纺织出版社通过国内的同事牵线搭桥，邀请我翻译赫普先生的力作。上次翻译专业书距今已20多年，繁忙的日程让我的确有些犹豫。但在阅读了书籍内容后，我觉得此书值得且有必要推广于众。而书的原作者赫普先生在与我的交流中也展现了极大的诚意，很希望我能把这本书介绍给中国的读者。于是我开启了半年的译文耕耘、文墨摆渡。

数字化的世界充满诱惑，它不仅是简单地让我们上瘾，更令人担忧的是数字背后对人性的操纵和利用。这个缠绕着我们的数字世界正在悄然改变我们的认知，塑造着人类新的心理特质，作者引入了"数字智人"（本书又译"数字病人"）的概念，作为这个数据信仰时代的产物。

这本书的一个核心论点在于，数字世界，尤其是社交媒体和大型科技公司的算法，正在系统性地利用和操控人们的心理和情感。这种影响不仅限于心理健康层面，也延伸到社会的组织与管理。作者认为我们目前所面临的心理挑战，可能是人类历史上最广泛、最深刻的心理打击,因为数据(垄断者)比我们自身更了解我们!人类引以为傲的异于其他物种的优越感、独特性以及理性都遭受过巨大的挑战。当算法可以左右我们的感知、记忆、情感与思维时,生活在数字世界中的我们,是否还能保持对自我的掌控?就像塞林格笔下的狗会抑郁一样,人类不禁要反思:长此以往,我们将何去何从?

赫普从心理治疗师的角度出发,基于从业观察,在书中深入分析了数字世界如何让我们变得病态和神经质。他列举的21种神经症涵盖了从互联网依赖和网络成瘾、关系焦虑和日益增长的孤独感(尽管全球联网)、约会和自我形象焦虑、育儿竞争和病态完美主义、自我优化和独特性强迫症,到不甘衰老的永恒追求和新的数据信仰等各个方面。每一章都自成一体,读者可以根据自己的兴趣选择阅读。

作者所使用的"神经症"一词已经超出了传统意义上对神经症的理解。人类与环境之间的交互作用影响和塑造人的心理活动与行为。我们所处的环境已经从人际空间和物理空间,拓展到了数字空间、网络空间甚至虚拟世界。书中的"神经症"泛指数字网络时代的特定心理现象,是时代背景下人类心理极端化的体现,我更倾向于将其称为"数字时代的心理特质和偏执倾向"。作为心理治疗师,赫普的视角让书的重点放在了"病态"上,语言和术语也延续了精神分析流派的传统。他对这些新心理特质的敏锐分析、归纳和总结,为我们提供了难得的清醒视角和启发性见解。

通过个人经历和心理治疗实践中的实例,赫普还探讨了如何在数字丛林中保持自主权和自我效能感,如何增强心理承受力以应对网络时代的迷茫，而有意识的主观体验和反思是应对这些挑战的根本。

尤其在当前人工智能高速发展的时代背景下，人类的自我认知正面临着全面的挑战。我们亟须对自身的存在进行深刻的反思：什么是人作为人的根本？什么是人性有别于机器而无法替代的独特存在？又是什么使我们成为独立的个体？在数据洪流和智能浪潮中，"认识你自己"（know thyself）这句古老的希腊哲学箴言被赋予了新的现实意义。

翻译这本书的难度在于作者独特的语言风格：调侃与幽默贯穿全文，思维跳跃且隐晦；所引用的事件和案例来自特定的历史文化环境，需要额外的注释；此外，文中还涉及大量的文献和报道，需要一定的阅读背景才能准确理解和翻译。德语的语法复杂、句子结构长且套句多，语言思维习惯与中文大相径庭。直译往往显得拗口难懂，因此如何在保持原文意思的基础上使语言更加符合中文读者的阅读习惯是一个很大的挑战。由于我常年旅居德国，工作生活中使用中文的机会较少，特别感谢我的中国学生陈彦江的校读，他在国内网络流行语以及现代年轻人的语言词汇表达方面提供了许多宝贵的建议和帮助。同时，我也要感谢出版社编辑组的修改和润色工作，让译文更加符合中文的表达习惯。

最后，衷心希望中国的读者能够领略到本书的精华，愿读者喜欢这本书。

目录

序章　数字病人与社交媒体时代的焦虑　　　　　　　　001

第一部分　爱4.0　关于爱和欣赏　　　　　　　　025

1　网络依赖焦虑　　　　　　　　　　　　　　　　026
　　# 你的点赞记录可能比家人更了解你。

2　自我形象焦虑　　　　　　　　　　　　　　　　049
　　# 当网红是一种什么体验?

3　恋爱脑与约会焦虑　　　　　　　　　　　　　　064
　　# 在交友软件上左滑右滑时,你在想什么?

4　数字化孤独　　　　　　　　　　　　　　　　　080
　　# 你上一次拥抱别人是在什么时候?

5　机器人与人　　　　　　　　　　　　　　　　　090
　　# 你愿意与机器人交朋友吗?

6　攀比焦虑 101
　　#我分享，故我在。

7　教育竞争 118
　　#我的孩子应该活出怎样的人生？

第二部分　工作4.0　关于工作和尊严 133

8　对努力的焦虑 134
　　#努力没有回报了吗？

9　愤怒焦虑 154
　　#网络环境越来越糟糕了？

10　错失恐惧 162
　　#我是不是又没跟上最新的热点？

11　数据化焦虑 179
　　#健康和快乐可以被打分吗？

12　追求独特的焦虑 193
　　#每个人都在追求与众不同，那普通人还存在吗？

13　自律焦虑 212
　　#自律真的让人自由吗？

14　虚拟世界焦虑 223
　　#"上传至虚拟世界"还是"留在现实生活"？

第三部分　意义 4.0　关于意义和希望　　235

15　假新闻焦虑　　236
＃假新闻满天飞，如何不被"带节奏"？

16　信任焦虑　　251
＃一个谎言重复一百次之后，就会变成真理。

17　对未来的焦虑　　266
＃这个世界会变好吗？

18　算法焦虑　　275
＃机器和算法可以代替我们做决策吗？

19　新技术焦虑　　285
＃我们的工作会被人工智能取代吗？

20　衰老焦虑　　298
＃如何积极地老去？

21　对追求永恒的焦虑　　310
＃数字灵魂的归处不是天堂，而是云端。

后记　这可能会变得很有趣　　323

序章　数字病人与社交媒体时代的焦虑

10年前的一天,一位绝望的35岁IT专家来到我的心理治疗诊所。在此之前,他曾因妒忌而试图自杀,但在最后一刻犹豫不决,并来寻求心理治疗。他是我遇到的第一位此类病人,也是我第一次注意到这种"数字病人"的案例。

这位IT专家和女友在一座带花园的独立别墅里共同生活了10年。最近几年,他利用传感器和最新的网络技术将家装扮成了一个全新的智能居所。当他说起怀疑女友出轨时,我立即问他为何如此确定自己受到了背叛。他坚定地拿出智能手机,对我说:"我这里有确凿的证据!"

接着,他展示手机上的各种图表、数字和曲线,开始陈述他的证据:两个月前的某一天,他出差时,家里卧室的温度在早上10时到11时之间突然上升了4℃,尽管那时卧室的门是遥控关闭状态,暖气也没有调高。他一边说着,一边期待地盯着我,而我则一脸茫然。

他还提到女友声称那个星期二像往常一样在办公室度过,但她的车整个上午都停在家门口没有动过。他想要通过监控摄像头的视频向我证明这一点,但我感激地拒绝了。此外,他还指出当天10时17分和12时34分房门曾打开过,而且较长时间未被关闭,他解释说偷情的两人当时在门边接吻。他近几周一直无心打理自己的公司，而是时刻盯着手机。虽然他还去上班，但只是为了不让女友起疑心，知道他在监视她。

几周后，他的女友和他一起来参加伴侣治疗，坐下后毫不含糊地宣布："那个星期二，我虽然没有出轨，但当我发现他用各种间谍工具监视我们的家时，我决定豁出去真的去出轨了。这不是一个智能居所，这简直是个情报局总部！我今天来这里只是为了告诉你，我要和他分手。"说完，她起身离开了。

接下来，我们花了很长时间来治疗他女友短暂而决绝的告别仪式所带来的情绪困扰。最终，我用了近一年的时间成功地帮助他克服了偏执性嫉妒神经症——实际上，这才是他真正的问题所在，监控技术只是加剧了他已有的心理障碍。病态的嫉妒往往是一种防御性自卑情结的表现，可能针对伴侣，也可能针对（潜在的）竞争者。然而，现代技术提供的各种监控可能性也明显地加剧了我的病人的紧张情绪，使他越陷越深，甚至到了想要开枪自杀的边缘——而这一切仅仅基于智能手机应用程序（App）所产生的所谓可疑数据！这种情况对他的健康造成了极大的威胁。

工业 4.0 和数字病人

这是我治疗的第一个工业 4.0 时代的神经症病人（焦虑症是最常见的一种），而且每年的病例数量都在逐渐增加。神经症和焦虑症本身并不罕见，但导致它们的因素和加剧它们的机制却是新颖的，主要是数字化的影响。"工业4.0"一词则是指第四次工业革命的到来。

始于18世纪的第一次工业革命标志着蒸汽动力机械化应用的开始。随后，19世纪的第二次工业革命以流水线和电力的运用为特征，实现了生产的大规模扩张。到了20世纪，第三次工业革命，也称数字化革命，依托电子和信息技术的突破，实现了生产的自动化。

第四次工业革命始于新千年，人工智能能够通过反馈回路和系统间的交流进行自我学习，即所谓的"机器学习"或"数据挖掘"。机器人——包括新型冰箱或亚马逊（Amazon）的语音助手——通过与人类交互学习语言（反馈回路），观察人的行为并适应需求。物联网（IoT）正在迅速发展，智能家居由自我学习的人工智能组成，它们能够互相分享学习成果，就像人类之间相互学习一样。虽然也许不久之后，智能设备能够通过算法预测出轨风险等情况，然而，没有信任基础就不可能有真正的爱情，这是任何应用程序都无法解决的问题。

智能城市将由众多智能家居和智能公寓组成，它们都将互相联网。最终，智能城市甚至能够交换和比较彼此的数据。城市之间将会爆发一场赛事，以争夺最高的能源效率、最低的犯罪率和最高的破案率，以争取最好的空气质量和最低的生活成本，也许还会比较婚姻忠诚度和情感稳定性等方面。

"4.0"这类术语通常用来表示软件产品的版本号。当软件经过重大升级后，被认定为新版本，此时版本号的第一个数字会增加一个，同时第二个数字被重置为零。

我们现在正处于这场深刻的第四次变革的起点，变革不仅涉及技术层面，还包括心理层面。人类对自我的认知正面临着全面的挑战。这也绝对不是最后一次技术革命的开端，我们已经可以预见新技术和数字智慧对人类心理的根本影响。本书的一些章节或许更多是基于对未来的设想，而另一些章节则反映了我在诊所中每天都会遇到的话题。

人类遭受的最后的且最广泛的心理打击

西格蒙德·弗洛伊德（Sigmund Freud）谈到了人类遭受的三次心理打击。第一次是尼古拉·哥白尼（Nicolaus Copernicus）发现宇宙中心并非地球，而是太阳（即日心说世界观）。第二次，查尔斯·达尔文（Charles Darwin）提出了进化论，将人类视为只是高度进化的猿类，而不再是造物主的杰作。第三次，弗洛伊德本人也成为这历史进程中的一部分：他毫不谦虚地让我们意识到，我们并非"自我的真实主宰"。换言之，我们只是自以为是地认为自己的行为是理智和理性的，而实际上无意识的驱动力、感觉和欲望主导了我们的行动、感觉和想法。事实上，我们很少真正去做那些我们有意识、有理性且自愿去做的事情。这些百年前的观点如今已被神经科学所证实：理性和思维的力量被高估，而情感和欲望的力量被低估。弗洛伊德认为，他的发现引发了世界不可逆转的变革。

无意识的欲望和渴求早已被硅谷的大数据公司发现和利用。因此，可以说我们今天正面临着人类第四次心理打击：史蒂夫·乔布斯（Steve Jobs）、马克·扎克伯格（Mark Zuckerberg）或比尔·盖茨（Bill Gates）带来的心理打击。因为我们的智能手机可以比我们的母亲更了解我们（这着实令人沮丧），甚至可能比我们自己更了解我们。科学研究已经证实了这一点，我们将在后面谈及。这是因为大数据垄断者现在甚至知道我们无意识的冲动、欲望和情感。

如果我在弗洛伊德位于维也纳贝格小巷 19 号①的工作室里对他说："100 年后，机器将能够计算出每个人的无意识精神活动，甚至可以精确到小数点后几位，预测他们的需求和欲望。人们不再需要躺在你的沙发上（让你做心理分析），而只需要所谓的'数据点'，由一种名为'智能手机'的机器收集和提供。这是一种几乎每个人都随身携带、几乎在所有情境下都自愿使用的极其智能的设备。这些数据揭示了每个人最深层的欲望。而你甚至可以租用这些数据，只需支付一笔费用就可以为自己的目的随心所欲地使用！"

如果我真的对他这么说，我想弗洛伊德可能会抚摸着他的胡子思考一番，或许会点上半支雪茄，然后把我从精神分析协会中开除。

大五人格：区分我们所有人的五个人格维度

特定算法定义了对数据进行分类的标准，也就是说它们是预先确定的、程序化的决策模式。因此，对人类按照不同的个性和特点进行分类变得至关重要，这样就可以计算出他们的行为模式。对于

---

① 维也纳贝格小巷 19 号是弗洛伊德在维也纳的居所，也是现在的弗洛伊德博物馆。——本书的脚注如无特殊说明，均为译者注

那些希望影响数字病人心理的人来说,这一点尤为重要。正如我们将要看到的,许多互联网大公司都在追求这个目标。

举例来说,人工智能(AI)的面部识别可以通过对网络上无数的肖像照片进行模式识别训练来实现,这些照片可以在互联网上免费获取。同时,在人格心理学中使用的专业术语也可以很方便地免费查找到。

几十年来,作为所有人工智能项目基础的关于人格维度的基本假设与心理学中的"大五模型"(Big Five)相一致。这个模型在国际上越来越被广泛接受并且被广泛使用。在过去的30年里,人格的这5个基本维度已经在超过3 000项研究中得到了科学验证,并且现在被国际学术界广泛认可为人格研究的标准模型。

"大五模型"几乎被用作唯一的理论模型,用于创建数十亿互联网用户的心理图谱。换句话说,所有在网络上留下足够数据痕迹的用户都被包括在内。这意味着地球上几乎所有与互联网连接的人,都曾在网上输入搜索词、预约或订购过东西,更不用说拥有社交媒体账号的人了。因此,这已经涵盖了绝大多数人类。

大五人格理论(即"大五模型")的发展始于20世纪30年代的路易斯·瑟斯通(Louis Thurstone)和戈登·奥尔波特(Gordon Allport)所采用的词汇学方法。这种方法基于这样一种观点:所有造就我们和区分我们的人格特征都反映在我们的语言中。也就是说,人与人之间的所有基本差异都有相应的词汇来表达,尤其是形容词。理所当然的是,如果几千年来我们的语言中没有为人与人之间的差异找到词汇,那就太奇怪了。因此,加深对他人和不同民族的理解,并用词语来描述这些差异,显然是我们不断发展语言的一个重要动力。

研究者采用一种称为"因素分析"的统计方法，在超过 18 000 个术语（即人格特征）的列表基础上，搜索重叠部分并找到其通用术语。研究者最终确定了 5 个非常稳定、独立的基本人格因素，这些因素基本上是跨文化存在的，可以不同的程度来描述我们所有人的人格，因此被称为"大五"，命名的灵感来源于非洲大草原上 5 个最大、最重要的动物物种。

基于这一理论开发的人格问卷被称为 NEO-PI-R，它是一个非常全面的测试，包含 240 个项目。5 个因素分别细分为 6 个子量表，也称为"剖面"。

开放性（O）：对想象力、美学、情感、行动、思想以及规范和价值体系的开放。

尽责性（C）：有能力、有秩序、有责任感、争取成就、自律和谨慎。

外倾性（E）：亲切、善于交际、自信、活跃、渴求刺激和开朗。

宜人性（A）：信任、坦诚、利他主义、合作、谦虚和心地善良。

神经质（N）：焦虑、易怒、抑郁、社交拘谨、冲动和脆弱。

神经质作为人格的主要维度

经过无数次因素分析筛检，从不同语言的数千个形容词中提炼出来的"神经质"，是我们人格中的一个跨文化存在的核心特征。高度的神经质或完全的非神经质是这个维度的两个极端。然而，令人奇怪的是，在诊断手册、医生办公室、行为治疗室或咨询中心中，几乎没有人再谈论这个古老的、常被认为过时的问题。然而，计算机科学却比以往任何时候都更关注它，科技巨头的算法也是如此。

神经质这个因素反映了个体消极情绪体验的差异，一些研究者也将其称为情绪易变性。神经质的反面——在极端的非神经质用户中发现的——也被称为情绪稳定、满足或自我力量。自我力量也是源自精神分析的术语。

高神经质水平的人更容易感受到焦虑、紧张、悲伤、不安和尴尬。这些感受在他们身上持续时间更长，更容易被触发。他们往往更担心健康问题，容易陷入不切实际的想法，并在压力下难以作出适当反应。而神经质评分较低的人则更倾向于平静、满足、稳定、放松和安全，很少体验到负面情绪。

通过分析我们在网络上留下的痕迹，可以确定每个用户的个性特征，这是一项基于大五模型的、规模宏大的个性测试。一些数据垄断者早就知道谁是神经质、程度如何，以及哪种人格类型可能会因此变得更神经质，其准确度令人惊讶。

每个人都是一个宇宙

只有有针对性地监视和使用个人信息（来对付我们普罗大众），才可能实现将神经质的群体引向可控范围，从而影响我们的情感和思维，最终随心所欲地影响我们的行为。以前的任何洗脑、市场营销、成功学讲座或者各种宣传，都根本无法与其相比。

然而，如果这种操纵在未来真的成功了，行为预测将变得比天气预报更精确。当我们大多数人开始自愿将我们的公寓升级为智能居所，让我们的家居进行窃听时，当超级智能家居具备了眼睛、耳朵和鼻子，并能全天候监视时，"伟业"就完成了。

只要我们不从根本上作出改变，未来行为的最佳预测参考仍然是我们过去的行为。如果我们总是购买同样的商品、做着相似的事情、渴望差不多的东西，我们的行为就会同质化，并随着时间推移而越发相似。因此，我们需要更多的勇气来自行改变，同时下定决心寻找自我的经验并将其融入我们的个性之中。这是我一再鼓励的。

我所仰仗的是那些让人类变得独一无二的力量——它们通常是无意识的：梦想、感觉、痛苦，以及对自我、理性、道德、改变的勇气、持续成长、日常状态、（精神）伤痕等的感知和想法。这些是人类在数十亿个独特的生活故事和关系网中打造自己的特殊经验——一种难以置信的经验财富。只有这样的人类才能继续生存下去，否则与能够自我学习的人工智能竞争，我们将落败甚至无法生存。我们现在已经看到我们的缺陷，越发将自己视为不完美的存在。如果我们试图在一个机器人和人工智能已经超越我们的领域中获得胜利，那么对我们来说还有什么安慰可言呢？

我们应该珍惜那些使我们成为我们自己的东西，因为我们每一个人都有自己的世界、一个内心的宇宙。算法是永恒不变的计算模式，在任何机器人或计算机中都一样。在相同的条件下，它们总是作出一成不变的决定，而这些条件只有我们人类可以决定。相反，我们人类是迄今为止所有经历的总和，是我们迄今为止所有基于不同天赋和独特遗传的人际往来的结合。

而我们始终处于变化之中。因此，每个人都会以独特的方式整合新的信息或经验。明天，一个新的一天，在我深夜因为隔壁数字病人的电子音乐派对而无法入睡之后，可能会变得完全不同。或者是楼上的另一个数字病人，她喜欢晚上在三角钢琴上练习贝多芬的《月光奏鸣曲》，让我整夜难眠。结果，我可能（无意识地）完全拒绝古典音乐，从此抗拒聆听或感知它。因此，我们的经验和相关的感觉塑造了我们的感知，而这也是不断变化的结果。

我们不是一些标准化的机器人模型，仅仅有着软件版本和少许个性化配置的差异。我们是约80亿个单独的、独一无二的存在，具有不可替代的个人交往历史，这种特定的历史塑造了我们的认知，使我们成为人类。

俄罗斯的狗与硅谷的销售策略有什么关系？

20世纪的行为主义奠定了数字化行为预测的理论基础。一百多年前，伊万·彼得罗维奇·巴甫洛夫（Ivan Petrovich Pavlov）在他的狗身上观察到，即使不再同时给予食物作为刺激，只要铃声响起，狗也会流口水，这标志着古典条件反射理论的诞生。之后的20年，研究者发现了安慰剂效应，从而开启了行为技术和行为疗法的全球推广。而那些对精神分析的理解，因为无法被归结为可测量的刺激和反应，逐渐被认为不合时宜、无法满足时代需求。

因此，心理学（希腊语称之为"灵魂学问"）在硅谷被称为"人类工程"。这个术语本身源自技术领域专家，这里用来指影响人们行为的心理学技术。它与数字、数据、模式识别和行为诱导相关，而非关注如何让个人生活更加充实。

这种人类工程艺术几乎从未用于消除条件反射性的行为成瘾，相反，它被用于全自动地强化神经质和成瘾的行为、思维、感觉。这是一场针对人类无意识的战斗，因为我们在消费或选择伴侣等方面的大部分决定都是在我们的无意识层面作出的。

美国南加州大学的神经科学、心理学和哲学教授安东尼奥·达马西奥（Antonio Damasio）在他的著作《起初的感觉：人类文化的生物学起源》（*Am Anfang war das Gefühl. Der biologische Ursprung menschlicher Kultur*）中，从进化生物学和神经科学的角度阐述了这一点。资本挖掘的金矿不是我们的智力或理性，而是我们无意识的感觉和渴望。正是通过操纵它们，他们才能获得巨额利润。而计算机的算法能够基于日益个性化、详细和完善的心理图谱了解每个互联网用户，从而理论上可以完全自动地操纵他们。这就是资本背后的信念和设定的目标。

我们的视野越狭窄，我们就越容易被预测。这样一来，我们就会更多地消费能带来最高利润的商品，更频繁地点赞我们被引导喜欢的东西，并同时忽略那些可能妨碍我们继续消费的事物（如气候变化）。更多的消费只有在极少数情况下才对我们的心理健康有好处，却往往使我们对某些产品或服务更加依赖，因为被诱导的消费成瘾能给资本家带来最大化的利润。在成瘾者和神经质的用户身上可以获得最高的客户忠诚度，即使他们不得不为此负债，他们仍然会消费。

要从这种影响中解放出来，不可能通过行为指导实现，必须先在思维上认识到这是对我们行为的操纵。因为如果你不知道该往哪里走，即使飞奔也无济于事——据说德国记者兼作家库尔特·图霍夫斯基（Kurt Tucholsky）曾经这么说过。必须先认识到这些我们并不想要的、针对我们无意识的操纵来自哪里，然后我们才能重新获得更多的自主权。将被操控的注意力转变为有意识的、自我选择的关注，然后我们才能开始决定该把我们的注意力放在谁的身上或什么东西上。

被心理防御的真实世界

在一个越来越注重行为引导、行为优化和行为改变的时代，我认为对人的精神分析理解比以往任何时候都更为重要。人类的无意识欲望、动机、驱动力和渴望，以及非理性倾向和对最强烈（甚至破坏性）感觉的追逐都被标准化，以被更好地控制，使我们更爱消费且更易受影响。15年前看似遥不可及的情景，今天已然成为现实。

我们每天都经历着压抑、投射或理想化。如果不这样做，大量的网络意象会完全淹没和麻痹我们。当我们将注意力集中在某个方面时，就会压制其他方面。例如，若我将注意力几乎全部放在移民议题上，我感知到的真相便很快变为"移民已经成为社会主体"这一错觉。这种"感知到的真相"，实则是注意力收缩的结果。剂量决定毒性，而过量的剂量可能导致神经症。

我们的感知离真实生活和体验越远，我们就越显得神经质，而这种防御机制恰恰偷走了我们解决生活问题所需的时间。它将现实隔离，而我们实际上需要通过这种现实来做具体改变。防御机制不停运作，使我们无须意识到、处理和解决内外部冲突，甚至使我们察觉不到它们的存在。矛盾被禁忌化以便被搁置；冲突被否认以便被忽略。绕过冲突导致我们停滞不前，并长时间以惊人的程度忍受这种状态。

随着生活中被回避的领域越来越多，我们对话题绕弯子的情况也越来越多，我们越来越频繁地在遇到不愿触及的场景或提到关键词时感到惊慌。我们无法区别对待自相矛盾的话题，开放态度不复存在。我们变得越来越神经质，更不灵活，更易怒，更难冷静。我们在永久的"小心"状态下，因为我们越来越无意识地防备着可能突然出现或突然爆发的情况，这些情况绕过了防御机制，无法被预见、控制或解决。

我们的反应变得越来越不客观，我们眼中的世界也不再是现实本身，而是我们希望看到的样子。不符合我们期望的事物会被改变、忽视、压制，甚至主动消灭。这先是表现为被动攻击性，例如拒绝听取或回应，正如我所说的"心理封锁"。若这还不够，我们会公开展示敌意或暴力，让真相沉默。我们的神经症越来越渴望提前了解、计划和控制，狭窄的视野进一步缩小，我们因此越来越紧张、不灵活、不妥协和顽固。

如果这些仍不够，我们可能会出现更加神经质的反应，通过新的机制进一步加强防御。我们的另一种选择是逐渐放松防卫，诚实、公开地面对生活的要求和冲突，而这需要痛苦的自我认知和自我批评。更好的方式是将自我批评与自嘲结合起来，因为幽默可以减轻痛苦。慢性神经症缺乏自我批评和自嘲。真相是，神经症觉得一切都枯燥乏味。

重要的是，我们要关注心智和理性，让彼此之间不要失去联系。通过心智和理性重新获得彼此之间的联系将变得越来越重要——尤其是在已经失去联系或鸿沟似乎无法弥补的情况下。只有心智和理性才能创造出跨越国界和文化的必要共识。否则，难道我们要相信网络上那些伪专家散布的自相矛盾的虚假信息吗？难道我们会因为害怕被拯救而追逐危险吗？这将是一种集体焦虑和集体歇斯底里症：相较于可能给我们的世界带来的死亡和痛苦的危险，我们更害怕被从焦虑中解救！

数字病人作为产品

数字病人认为自己消费的都是免费产品，然而他们本身也成了产品。更可悲的是，这些被操纵者甚至认为他们较之以前能作出更自由的决定，能涉足和支配的范围比以前更大、更广。几乎没有人还能宣称自己不受数字化的影响，除非是在一个没有网络信号的小岛上生活和工作，像土著人一样与外界没有联系。

因为如果不能以自主的方式决定我们涉足的范围和可支配性，我们仍然是科技公司的玩物。被高薪雇佣的成瘾专家正在寻找最有效的成瘾因素和最大化的利润。还有那些科技行业的游说者，像苍蝇一样围着权力和政客们转。

我们不是被囚禁在一个金色的笼子里，而是处处被细密的、迷人的网格所包围。这与其说是胁迫，不如说是一种持续的、无形的拉扯和鼓动。当然，在市场营销的行话中，这被称为"助推"（nudging）。

因此，虽然我们可能更安全、更富有，但我们也更受限、更带偏见。尽管有更多的知识、更强的流动性和更广泛的接触空间，但更少的现实世界的身体接触和情感接触意味着我们对彼此的理解和感知在减少。地球不是网络空间，我们必须在其中找到自己的位置，如果我们想要健康地发展，我们必须在各种关系中能够接触到对方，这是第4章要讨论的内容。

在一个需要更多有意识的主观体验，而不是在无意识中纯粹执行那些计算机算法的时代，我们现在比以往任何时候都更有必要以更加坚定和自主的方式在这个星球上立足。抬起我们的头，独立而有意识地探索我们的生存环境。同心协力，尽量保持身体的接触，人与人之间保持关爱和关注，深谋远虑而脚踏实地——在征服的冲动和安全的需要之间寻找平衡。

数字病人也是人类，这一点是肯定的。然而，他的智慧受到的威胁比以往任何时候都更严重。没有身体的声音和图像正在操纵着他几千年来的方向感、他的精神指南针、他的直觉和价值标准、他的多巴胺水平以及更多我们甚至还不知道的东西。而这一切都发生得太快了，越来越快，快得不得了。指数级的加速过程对于我们几千年来形成的先天基础和基因适应过程来说太快了。

按理说，我们早已联网成为一个地球村。然而，如果我们环顾四周，每个人都在与其他人战斗。在这新千年的数字资本主义中，每个人都在寻找自己的位置——也就是说，如何能以某种方式从大量的数据中脱颖而出。

互联网的垃圾风暴每天都在刮

互联网表面上已经看似百无禁忌，似乎允许我们随心所欲地展现自我和为所欲为。然而，存在着一种无形的规则，它悄然指导着人们的行为和观点。那些不遵守规则的人很快就会被愤怒的网络暴风雨所淹没，这一切往往给当事人带来创伤性的后果。诽谤留下的是抑郁、被伤害的心，以及对自我价值的怀疑。

我们是否愿意让自己或集体成为一个神经质的个体和组织，不去做那些理应优先去做的事情而反其道而为之呢？难道只是为了获得网络上那些匿名用户的喜欢和接受？或者只是为了得到片刻的安宁，不受打扰？

又或者我们所做的事和所体验到的感受恰好与正道背道而驰？例如，我们是否感到幸灾乐祸或仇恨，而不是怜悯？感到嫉妒而不是自豪？感到愤世嫉俗而不是乐于助人和宽宏大量？我们是否开始去思考那些与我们本应思考的方向相反的问题？例如，我们是否在思考如何找到系统中更有利的条件或系统中的漏洞，而不是竭力寻找解决方案？

而事实上，我们应该思考如何找回更多的自我决定权和自我效能感，思考我们应该抵制哪些企图操纵我们的力量以及如何抵制。的确，神经质和神经症患者一直都存在，但过去还没有出现过像现在这样旨在使我们更加依赖神经质的交流形式，而且这些交流形式每天都在完善：全自动的赞美和算法的"毒药"恩威并施，助长和阻碍共存，奖励和惩罚交替出现，掌声或者谩骂，被排斥或者被炒作，一会儿天马行空，一会儿悲哀至死，全自动的爱和全自动的恨，让人类眼花缭乱。

全自动的操纵机器（这里指手机）至今只存在了二三十年，在智人的进化史上甚至还没有迈出一步。而这种机器在一开始的很长一段时间内是无害的。只有那些在新时代出生的Z世代与它们一起成长，但过去几年的巨大动荡影响到了我们所有人。它也许只能与19世纪末内燃机和蒸汽机取代人类肌肉力量相提并论，当时工业化和现代化全面展开，在第一次世界大战中达到高潮。随后的西班牙流感暴露出人类因技术进步而新赢得的流动性所带来的阴暗面。

现在，正在被替换的不是我们的肌肉，而是我们的大脑。争夺我们最后堡垒的战斗已然开始，我们必须见证它。让我们见证它，因为人类历史上的巨大变化总是令人兴奋的。只有生活在这个动荡时代的我们，才能塑造它。

德国社会学家安德烈亚斯·莱克维茨（Andreas Reckwitz）如此描述他的社会分析法与精神分析对人的理解："精神分析当然可以在这里与社会分析结盟，社会分析则找出一些悖论的社会条件，从而使个人能够获得对其处境的全面理解。"我很乐于见到与这种社会分析的结盟，我也希望阅读这本书能使人通过心理学的社会分析而对读者的个人处境有一个更全面的了解。我也相信，在其中可以找到陷入怀旧尘封中的精神分析亟须寻求的复兴之处。

对数字病人的分析

当安德烈亚斯·莱克维茨在他的社会分析系列丛书中谈及"某

些版本的精神分析"时,他指的不是老派弗洛伊德主义者的经典精神分析,而是较新的所谓"基于深度心理学"的心理治疗形式。这种治疗不再是让病人躺在特殊形状的沙发上,而是病人和治疗师之间保持视觉接触,每周进行几次治疗。最初,避免视觉接触这种空间安排是为了促进病人的自由联想。这是可以理解的,因为在当时对这种全新治疗方法及其可能产生的不良副作用的恐惧和羞耻感远远大于一百多年后的今天,且更可能阻碍治疗过程。

上述对早期弗洛伊德精神分析治疗的简短回顾已经表明,我们今天生活在一个完全不同的世界,有着不同的恐惧、强迫和成瘾。因此,在我看来,充满信任的眼神接触比以往任何时候都更加不可或缺,尤其在一个我们越来越少看到对方面部表情的时代。今天治疗的核心更多的是一种躯体能感受到的触摸和情感上的触碰,是一种充满信任和治愈的相遇,也更是一种可以纠正创伤性经历的关系治疗,在自我的内心深处解决这些问题。因此,今天的精神分析治疗与这种被理解和被接受的体验密切相关。

在这个意义上——至少对我的病人而言——只有在很少的情况下,才会需要首先回忆或唤起被遗忘、压抑的旧有冲突(像古典的精神分析治疗那样),而越来越多的情况是关于依赖性、成瘾、对建立关系的恐惧、控制强迫症、扭曲的躯体形象认知、日常(网络)霸凌、大流行病带来的孤独感、被当成"崩溃"看待的抑郁症、儿童的游戏成瘾、病态的成就追求、监护权纠纷、债务、未成年人的整容手术、自我憎恨以及各种各样的恐惧和强迫等。这些心理问题影响着人们的日常生活,伴随着内心自由的丧失。当然还有许多其他的焦虑与神经症,我们将在本书中看到。

我还会在不同的章节中反复提到一些精神分析学家，他们启发并影响了我进行心理动力学和深度心理学工作的方式。但同时，整合行为疗法的治疗技术——例如在治疗成瘾方面——也几乎是必不可少的。

这本书里的"焦虑"和"神经症"是什么意思？

我很清楚，我对"焦虑"和"神经症"的使用非常自由，不符合经典的定义。我在这里指的是各种导致心理问题的神经症，不属于精神病范畴。严格来说，其中一些应该被称为人格障碍——弗洛伊德所说的"性格神经症"——而不是严格意义上的神经症。特别是在极端的情况下，当（几乎）所有的生活领域都受到影响时，或者当这些障碍已经持续了很多年的时候。

另外，对我来说，揭示和加强我们的心理韧性（resilience）也很重要。也就是说，数字病人的心理如何抵抗这种新的操纵力量而复原，以及如何成功摆脱新型的成瘾和网络神经症。在这个意义上着眼未来的同时，我还探讨了如果我们不及时意识到这些发展和新的操纵形式，我们的健康和社会凝聚力会受到怎样的影响。

此外，我也想通过这本关于数字病人的心理和21世纪数字时代焦虑的书，让当代网络用户和同行都能受益。我的愿景旨在探索我们共同面对的核心挑战以及可能由此产生的压力、超负荷和危险，无论是对我们每个人还是对整个社会。

我想通过这本书与所有的成年人对话，特别是那些正为他们的孩子担心的父母,如果他们想了解为什么孩子(青少年网络用户)越来越沉迷网络,越来越不自信,越来越抑郁;还有那些仍然想了解他们的孙辈及其特殊语言和需求的祖父母;还有专业人士,如精神病医生、心理治疗师、教育工作者;此外,还有所有在工作上面临巨大动荡的人。随着数字革命渗透到越来越多的生活领域,我们今后可能会在智能屏幕上花费越来越多的时间,越来越多的人将受到新的成瘾和神经症的影响,反思性的对抗工作将越来越紧迫。

在我最喜欢的电影《阿甘正传》(Forrest Gump)中,小阿甘在校车上被取笑时总会重复他母亲的一句话:"傻瓜就是做傻事的人!"因此,本着阿甘母亲的精神,我们可以说:"焦虑的人就是想保持焦虑的人!"不是每个人都能阻止自己成为现在的样子,但也没有谁必须维持现状。不是每个人都一定能对过去作出改变,但每个人都可以从现在开始以不同的方式去行事。言语必须始终伴随着行动。我对21世纪焦虑的看法以及我对事态发展的评估是为了鼓励大家能有自己的观点,不一定是一致的观点,但希望是更多有意识的和反思的观点,以带动行动,开始改变。

此外,我想明确地邀请你从书中最吸引你注意力的那一章开始读。你的无意识通常在你发现之前就知道你应该迫切地阅读什么。然后放松地去读,不要一味地像社会所希望的那样——也就是完全遵循你的那个"超我"——从头读到尾。我在书中尽力以自成一体的方式分别介绍21种焦虑,所以这么阅读是可行的。

最后,我把精神分析的观点以及对人性的理解与我们这个时代的超额行为相对质,是想尝试在可能的情况下去调和它们,我希望这个急速的数字化时代能从这种看待事物的方式中受益。灵感来自以前那个更悠闲的时代，那时人们在维也纳还乘坐马车，贝格小巷的上空还飞着信鸽。

三部分：爱、工作、意义

在我看来，有四个因素将极大地塑造第三个千年，甚至造成更深远的影响。我们目前还只是处于这四个发展的最开始阶段，它们将从心理、经济和社会的角度决定性地改变我们所有人。

1. 人口流动性增强以及人口增长，导致流行病发生率上升；

2. 日益频繁的极端天气事件以及由人为导致的全球变暖带来的其他后果；

3. 通过诱导性、故意强化的错误信息，或者通过压制正确信息，引发社会动荡和纷争；

4. 快速发展的、能够自我学习的人工智能以及它们之间越来越强大的互联性带来的后果，越来越多的机器人和联网的人工智能系统将减少人类能从事的体面工作。

所有这四个因素都将扩大赢家和输家之间的差距：信息获取渠道畅通的人和无法获取信息或受到虚假信息影响的人之间的差距；生活在和平、安全地区的人和背井离乡的逃难者之间的差距；战争发动者和战争难民之间的差距；从灾难中获利的人和贫困者之间的差距。抑郁和攻击性，绝望和反抗，悲伤和愤怒，自我厌恶和仇恨，都是这个新千年的同一枚硬币的两面。

这四个因素将越来越多地影响我们的心理、思想和感受。它们将从根本上改变和塑造我们的行为和关系。这个千年刚过去了二十几年，超过970年的时间还在等着我们。但在这个新千年的开始，我们已经可以预见到，我们在智能屏幕前的时间将继续逐年增加，假新闻可能会增多，失业率可能上升，地球上能安全、成功发展和健康生活的地区将变得更加稀缺。

令人担心的是，年轻一代也许将不再能够无忧无虑地发现和探索世界。旅行和探索对人格发展的价值不应被低估。十年后，法国人见面时是否还会用吻面礼作为问候？新一代人还会去了解外国的大陆和文化吗？如果他们想找工作，还得经过多少次再培训课程？谁还会把自己描述为快乐和满足的？谁会说自己是能自我决定和自给自足的？谁还有足够的生活来源？对一个人来说多少钱是足够的？什么时候才算是足够？面对这些问题，数字病人迫切需要一个答案。

身体的接触、轻松的存在感、安全和有保障的就业，以及对媒体和掌权者、对精英和科学的纯粹信任将变得更少或更危险。我担心孤独、对未来的恐惧、不信任以及各种形式的恐怖和动荡将越来越多地在社会和心理上塑造与伴随我们。

心理韧性的建设，即加强我们对这些破坏性、致病性因素的心理抵抗力和社会抵抗力，将变得越来越紧迫。我想为此作些贡献，首先是通过洞察力和鼓励。我们能够承受的盲目信任将越来越少，但深思熟虑的、有选择的和知情的信任将变得越来越重要。因为，没有信任就没有集体，就没有心理和身体上的健康。

在这个星球上，只有我们是完全有自主意识的，因此只有我们能在和平与战争、爱与仇恨、真理与谎言、人与机器、支持与剥削、创造与物质主义、希望与绝望之间作出选择。

爱或恨作为我们关系的总和，工作或失业意味着有尊严和有价值的生活还是其反面，生活的意义在于成功和满足的结果还是陷落在绝望和自我解体的抽象矩阵中——这些都是新千年的重大问题和挑战。这些生活中的高峰与低谷是本书"爱、工作和意义"的三个部分将要探讨的内容。

第一部分　爱 4.0
关于爱和欣赏

1 网络依赖焦虑

#你的点赞记录可能比家人更了解你。

2010年年底,史蒂夫·乔布斯告诉《纽约时报》(The New York Times)记者尼克·比尔顿(Nick Bilton),他的孩子从来没有使用过平板电脑。他说:"在家里,我们将孩子的科技消费控制在最低限度。"比尔顿发现,其他高科技行业巨头们也想保护自己的孩子,让他们不受自己发明的影响。这些发明家似乎很早就意识到他们的发明可能具有让人上瘾的潜力,特别是对儿童而言。

哈佛大学教授亚当·阿尔特(Adam Alter)在2018年撰写了一本关于新型行为成瘾的书——《欲罢不能:刷屏时代如何摆脱行为上瘾》(Irresistible: The Rise of Addictive Technology and the Business of Keeping Us Hooked)。在这本书中,这位经济学家写道,适度设定个人目标是有意义的,因为它帮助我们规划和管理有限的时间和精力。但如今,这些目标似乎自动找上门来,不请自来地出现在我们生活中。

一旦你注册了一个社交媒体账号,便开始追逐更多的追随者、更多的喜欢、更好的评价、更高的分数和市场价值。如果你购买了一款健身手表，你就会被要求每天完成一定数量的步数。目标不断增加，创造出令人上瘾的努力，并很快导致失败，或者——更糟糕的是——导致一次又一次的成功，从而诞生一个又一个更加宏伟的新目标。

无处不在的诱惑

早在 20 世纪 90 年代，心理学家金伯利·杨（Kimberly Young）就开始了网络成瘾相关的研究。2010 年，她创办了美国首家基于医院的网络成瘾治疗中心。在一次采访中，杨指出，在 21 世纪，随着互联网基础设施的完善，网络成瘾成为一个全球性问题。目前，最大的变化是从手机以及后来的平板电脑的使用开始的。

随着移动时代的到来，任何拥有智能手机的人都可以随时随地进行游戏、聊天或消费。用户不再局限于青春期的青少年，而是各年龄段和各种性格类型的人，包括儿童。以前，人们必须购买昂贵的游戏机并拥有自由时间，才能在家中玩游戏，且当时的玩家主要是青少年这个群体。如今，特殊设备不再是必要的，几乎每个人都有平板电脑、笔记本电脑或智能手机——无论年龄大小——你可以在上班或上学的路上，乘坐公交车或在公交站台等车时玩游戏、聊天或发帖。我 10 岁的儿子声称自己是班上唯一还没有智能手机的人，但我认为他还是太小了。

我的青春岁月是在 20 世纪 80 年代的德国洪堡度过的，我唯一接触电脑游戏的经历是在洪堡足球俱乐部的会所里。那个夏天，俱乐部进入了德甲联赛，会所里放了一台带屏幕的游戏机。游戏里的线条勾勒出一艘宇宙飞船，而它又发射出线条，击中那些象征着太空怪物和飞碟的下落线条。你不会相信，我对这样的游戏上了瘾。我甚至从母亲的钱包里偷拿了几个星期的硬币（因为那是游戏所需的投币），站在会所里，不断把硬币塞进投币口，我甚至不喝苏打水，只喝自来水——一切都是为了能继续游戏，简直令我本人都难以置信。

如果仅仅是线条和像素化的条状物就足以让我上瘾，那么超现实和互动的三维世界会对我产生什么影响呢？既然我的儿子们继承了我的基因，我想在智能手机这个话题上，我还是会再观望一段时间。

被使用的用户

为了更深入地理解这些"新操纵"背后的机制，我想在这里介绍一个名词：BUMMER。这是虚拟现实（virtual reality，VR）先驱之一杰伦·拉尼尔（Jaron Lanier）创造的一个缩写，原文是"用户行为被修改并转化为可出租的区域"（Behaviors of Users Modified and Made into an Empire for Rent，缩写为 BUMMER）。德语译者马丁·拜尔（Martin Bayer）对 BUMMER 的解释是："用户的行为被修改，并被制造成一个可以被任何人租用的区域。"英语中的 BUMMER 是一个口语化的表达，表示不愉快的事情，类似于"糟糕"或"烂"。

而这个出租区域，也就是"BUMMER"，可以被有偿地租用，也就是说可以利用存储在脸书（Facebook）、谷歌（Google）、推特（Twitter）、声破天（Spotify）、奈飞（Netflix）、油管（YouTube）、亚马逊和其他各种公司的服务器堡垒中的数十亿用户心理图谱，按照租客的意愿进行操控：无论是为了销售产品或服务，还是为了扩大和提高自己的知名度。然后，BUMMER的老板们通常会说：我们只是租借了我们的数据和心理谱图，我们不能也不想评估使用者究竟用它做了什么——如果你租一辆卡车，你不必解释你打算用它做什么。到目前为止，他们总是以这种逻辑来开脱。但你不可能用一辆租来的卡车成功地影响购物决策，或让年轻女孩变得越来越厌食，失去生活的乐趣。

导致彻底混乱的六个组成部分

杰伦·拉尼尔一开始就发出了警告。他不仅创造了"BUMMER"这个词，还发明了"虚拟现实"一词，并制造了世界上第一个VR眼镜。后来，他还首次制定并发表了数字经济的伦理标准。他被认为是硅谷最伟大的发明家之一，一直是一个先驱式的人物。

同时，他的警告也是显而易见的：社交媒体正在摧毁你的灵魂。他解释说："你对他人的理解被破坏了，因为你不知道他们在他们的推送中看到了什么，反之亦然。你无法再依赖他人的同情，因为你不知道他们是在怎样的背景下看到你的言论的。你可能会变得更加刻薄，同时也更加不快乐。你对世界的理解和对真相的认知能力会减弱,而世界对你的理解也会被削弱。"

起初,我认为拉尼尔说的话有些直白,有时甚至有些尖刻。但很快,我意识到了他的犀利之处,他毫不妥协地指出了社会面临的危险,并警告我们,BUMMER 正在使我们陷入日益严重的失衡状态。

根据拉尼尔的说法,BUMMER 系统包括六个组成部分。

- 第一,当"获取关注"成为唯一的目标时,人们倾向于"成为混蛋",因为"最大的混蛋"会得到最多的关注。
- 第二,算法不断分析我们的数据,从而形成关于我们个性的理论,通过持续的反馈机制实现全面的监视和影响渗透。
- 第三,算法决定我们接触到的内容,通过"推荐系统"激发个性化的行为改变。
- 第四,算法试图通过给予情感上的高度刺激使我们上瘾,以便更轻松地操控我们的行为。
- 第五,这种反常的商业模式可以被出租,用来赚钱,或者以符合 BUMMER 租户目标的方式影响我们。
- 第六,存在大量假用户和假信息:机器人、人工智能系统、代理人、假评论、假朋友、假粉丝和假帖子。这造成了极大的混乱和不确定性。问题不在于特定的技术,而在于技术的使用。

你是一个烟民,还是一个酒鬼?

研究人员仅凭几个脸书上的"点赞"就能回答这样的问题。因为BUMMER机器早已监视了我们（几乎）每一个人，并收集了与我们有关的成千上万的秘密，只是我们所知道的很少。请问我们谁能完整回答这个问题：请列出使你成为你自己的5 598个理由。BUMMER存储了足够多的理由，而且每天都会搜集更多有关我们的理由。

剑桥大学2012年的一项研究表明，这些数据可以对用户的个性得出结论，其精确度高达95%。例如，迈克尔·科辛斯基（Michael Kosinski）和他的同事使用了超过58 000名脸书用户的数据，发现将"点赞"按钮的点击次数作为唯一的指标，他们能够以95%的准确率预测用户性别，以73%的准确率识别出吸烟者，以70%的准确率预测用户是否饮酒，以67%的准确率预测用户目前是否在恋爱或寻找伴侣。研究人员写道："我们的研究显示，你可以从一个人的脸书'点赞'中自动和准确地推断出各种个人特征。"

他们在研究中使用了一个数学模型，该模型实际上是用个人的一些偏好作为基数的。这就足以计算出这个人是吸烟者还是酗酒者，是单身还是已经计划生孩子，当下的情绪状态是愤怒还是恐惧，是有潜在的暴力倾向还是一个彻底的和平主义者。

95%的准确率听起来很高，但这意味着，100个人中有5个人会被错误地诊断出有酒精成瘾问题。在一个拥有100万市民的城市中，5万人会受到歧视性的误诊。如果准确率只有70%，我们就已经涉及对30万名无辜者造成无端的诽谤。这些虚假的诽谤也是筛选出所有那些"仍然认为自己没有什么可隐瞒"的人的决定性论据。在我们的例子中，那30万对此一无所知的人也没有什么可隐瞒的，但他们会被错误地指控为"隐瞒了什么"。所以，没有人可以被歧视

4.0 豁免。

　　也许我只是经常通过我的互联网账号为公司的聚会订购烈酒，但自己只喝果汁，因为我总是要开车回家。从这个角度来看，任何一个错误"指控"都是不该有的，而且往往会给涉事人带来创伤。

　　在剑桥大学的研究中，每个参与者平均点击了170次"点赞"按钮。今天，"点赞"的平均次数可能要多很多倍，相应地，今天的预测准确性应该高很多倍，包括更多的个性和生活领域。该研究的作者认为，只需70个"点赞"的记录，就可以根据"大五"的标准建立一个完整的人格档案。这可能比大五人格问卷的240个项目更精确，因为众所周知，在问卷调查中的回答比社交媒体用户独自在家表达自己时更倾向于去满足社会期待（而非表露内心的真实想法）。当用户独自在家时，会（错误地）自以为没有被观察，这时他们会给真正喜欢的内容点赞。

　　根据这项研究，你在社交媒体上的10个"点赞"数据已经足够比一个普通的同事更准确地评估你的个性，70个"点赞"则能让你的老友相形见绌，150个"点赞"甚至能超越你的父母对你的了解，而300个"点赞"则足以比你的长期伴侣或相伴的配偶更深入地预测你的行为和倾向。

恐惧是一种商业模式

　　也有一些人早就明白，利用恐惧可以获得权力和影响，并赚取大量的金钱。因为在冠冕堂皇的目标背后,通常都有实实在在的经济利益。正如下面这个把恐惧商业化的例子。

安德鲁·韦克菲尔德(Andrew Wakefield)就是这样一个人,他最初捏造了一种说法,称儿童早期孤独症是接种疫苗后的一种不良反应,以便通过所谓的治疗手段赚取数百万美元。其策略是:先无中生有地编造一个问题,然后以伪科学的方式撒谎和造假,以便能够销售针对性的补救措施和治疗方法。随后的批评被转化为对自己产品的宣传,把自己说成是受害者和科学先锋。

"先知"在自己的国家永远不会被理解,所以英国人韦克菲尔德去了美国。在几个育有孤独症儿童的著名演员和好莱坞明星开始相信他的故事并在社交媒体和脱口秀节目中免费为韦克菲尔德做广告后,他在那里受到了欢迎。于是,世界各地的父母,带着他们孤独症的孩子,纷纷前往韦克菲尔德医生的诊所"朝圣",在那里使用韦克菲尔德医生自创的治疗方法和药方,尽管这些方法缺乏科学依据,他却承诺可以治愈孤独症。这些父母无法接受医学对儿童孤独症的成因尚无明确解释的现状,但营销高手韦克菲尔德先生发明了一个解释:儿童时期的麻疹、腮腺炎和风疹的三联疫苗接种会造成这种情况。

不久之后,韦克菲尔德在英国的行医执照被吊销。但这并未能阻止他的谎言营销——这些谎言已经被几十项研究所驳斥。他曾在著名科学期刊《柳叶刀》(Lancet)上发表的文章,在被证实欺诈后遭到撤稿。通过互联网,谎言迅速扩散,全然不顾既有的事实,人为制造的恐惧与受影响者的焦虑情绪一同蔓延。

庸医一直以来都有,一般来说,在他们被依法判定为"对苦难病人的诈骗"之后,应该就无法继续传播和推销他们威胁生命的谎言——当然也无法在全世界范围内传播。但与此相反,被定罪的欺诈者韦克菲尔德后来还成了世界闻名的反疫苗运动的代表人物,并从那时起不知疲倦地在脱口秀中巡回演讲。他制作了电影纪录片《疫苗黑幕:从隐瞒到灾难》(*Vaxxed: From Cover-Up to Catastrophe*),片中他指责其他人都在撒谎,并谈论全球疫苗接种的阴谋。这就是精神分析中所说的"否认"这一防御机制:断言与事实完全相反。什么对我有用,什么就是真理。

同时,这个冒牌货的谎言导致疫苗反对者不但担心孤独症,而且担心疫苗反应导致的突然死亡。因此,现在韦克菲尔德所推销的不仅仅是孤独症恐惧,还有死亡恐惧。类似的伪科学家及那些充满恐惧的追随者和用户在网络上泛滥,他们那些威胁生命的疯狂行为,我们将在第 16 章看到。

让恐惧成为病毒,然后从中获利。最简单的商业模式:散播消息说附近有虐待狂,然后在特别黑暗的街角出售辣椒喷雾。这就像我先让我的病人受到创伤,然后以昂贵的价格为他们治疗,因为据说只有我知道如何专业地治疗这种创伤。

只有还能笑的人在笑

在预测用户的智力方面,剑桥大学的研究只达到了 39% 的准确率。然而,某些"点赞"按钮仍然可以进行可靠的预测。例如,《科尔伯特报告》(*The Colbert Report*)被认为是"高智商"的精确指标；此外，对摩托车品牌哈雷戴维森（Harley-Davidson）或香水连锁店丝芙兰（Sephora）的点赞，则可以体现出"低智商"。我以为《科尔伯特报告》是一份高度复杂的科学报告，但其实并不是：斯蒂芬·科尔伯特（Stephen Colbert）原来只是一个美国脱口秀演员，他的网站上的宣传视频说他是"美国最无畏的追求真理和反政治的斗士"。这并不令我惊讶，因为机智的幽默和自嘲一直是"高智商"的表现。这对数字病人来说同样适用，并没有改变。

网络不会忘记，人却健忘

我们不要忘了：BUMMER不会忘记任何事情。不，它每天都在积攒更多有关我们的秘密，以便能够偶尔泄露一些，只要报酬合适。这种商业模式就像几个世纪以来阴谋家们的商业模式一样，但其影响力甚至让专制的太阳王也望尘莫及。

BUMMER知道我几年前喜欢什么，什么东西让我感兴趣——而且越来越准确地知道什么东西会让我着迷，我的视线会在哪里停留更长时间，瞳孔会放大多少，什么时候放大。BUMMER早就知道我喜欢什么，不喜欢什么，什么让我恶心，什么让我感兴趣，我去过哪些国家，我还不知道什么，BUMMER还知道我容易被什么引诱，什么时候能坚持己见。

对BUMMER来说，这一切总是还不够。BUMMER的租户们还没能如愿以偿地改变行为。但BUMMER的租户们相信，他们可以改变我们所有人。这就是BUMMER对人类的看法。然后，我们都会陷入大规模的歇斯底里和否认，相信与事实相反的东西。此外，BUMMER机器还被付了很多钱来操纵大众，以加强现有的偏见。

BUMMER的老板们可能会决定在个别情况下封锁账号，当他们也觉得太过分时。但往往无济于事，因为事态已不可挽回了。我们需要法律和规则来保护我们和我们（剩余）的精神健康。我们不想被少数为了自己的利益而操纵信息战的人摆布。数十亿人的道德价值观不可能以这种方式被塑造和定义。而且，它关心的几乎从来都不是道德，而好像总是利润最大化、尽快获得权力和达成市场垄断。

购物冲动生成器和无限购物刺激器

相比之下，影响我们的消费习惯几乎是无害的。但是网上购物成瘾已成为一种越来越普遍的行为成瘾症，它同样是由BUMMER机器助长的。

几个世纪以来，经济学家一直在梦想着完美的市场。与此同时，一个几乎完美的市场确实已经在互联网上出现了。电子商务让无限购物成为可能，因为十多年来，我们已经能够（几乎）随时随地购买（几乎）一切东西。我们可以一天24小时、一周7天、一年365天购物，不管我们在哪里，也不管我们同时还在做什么或想什么。

从购买的冲动到实现的路径从未如此短暂：我想到了什么，点击几下，购买的冲动便得到了满足，然后某个匆忙的快递员就会将我渴望的包裹放在我的门口。如果送货延迟了哪怕一天，我的孩子们就会陷入危机，像圣诞老人去世了一样。

无论如何，人们总是能通过儿童来研究成瘾，因为他们不太会掩饰自己，比我们更不能应对挫折，而且绝不会害羞。他们会因为空空的邮箱而大哭大闹、在前院横冲直撞，只是因为塑料火鹰可能要到第二天才能送达。但送达时间谁也不确定，因为有时候快递员还是会在傍晚过来，或者可能要再等一周才会来。你就是不知道，但孩子们对这个答案并不满意，这就是为什么你们家的邮筒整天都被孩子拿来出气。信件会在早上送达的日子已经过去了——或许信件永远也不会送达。不要永久地期待什么，这有助于放松。斯多葛派已经知道了这一点，对成年人来说也是如此。

而一般来说，期待的效果发生得越快，就越容易上瘾。这适用于所有的成瘾，因此也适用于消费成瘾。我们从成瘾研究得知，成瘾的可能性与奖励感觉和伴随的多巴胺刺激速度相关。渴望的状态发生得越快，成瘾的潜在危险就越大。

还有两个问题：债务和那些无信号的死角

有些人因无法再应对消费成瘾而陷入债务危机，这在我的诊所已经越来越常见。必须优先解决这个问题，这样病人才能对未来有期待。他们通过不断申请信用卡积累过度债务，就像整个国家的负债率不断攀升一样。下一次世界金融危机似乎已经近在眼前。

2020年，每个德国人的平均债务为29 500欧元。慕尼黑等地租金的稳步上涨进一步加剧了这一问题。在我的诊所，解决债务问题总是最优先的任务，因为债务问题和抑郁症常常紧密关联。只有当患者重拾对生活的信心并看到摆脱债务困境的希望时，才能真正有效地治疗抑郁症。面对生活的新勇气产生自积极应对实际问题和冲突。

如果没有网络，在某些地方获取基本消费品或服务将变得越来越困难。我曾在冰岛经历过一次飓风，当时整个半岛只有一家酒店，但我却只能通过网络办理入住手续。在那里，你找不到传统的前台或房间钥匙服务。冰岛的生活成本之高让人工智能的运用几乎无处不在，这里甚至连最微小的服务死角都可能影响到生活。

过度负债、私人破产或危及生命的资金缺口只是极端案例。然而，所有能上网的消费者早已经体验到了来自BUMMER背后的操纵力量。这就是现实，我们需要认清它并采取行动，以避免这些问题不断恶化。

透明的客户和自愿的消费者

如果我作为一个消费者不经常考虑下单和购买，那么我可能需要一些"帮助"。举个例子，我生产了一万勒克斯（照度的国际单位）的日光灯，用于应对冬季的季节性抑郁症（日光被认为可以治疗抑郁症），若我想要提高销售额，那么我可能会寻求BUMMER的帮助，在全球范围内寻找潜在的抑郁症患者：这些患者可能在搜索引擎中输入各种与抑郁症相关的词汇，如"抑郁症""精神不振""冬季抑郁症"或"崩溃"；他们可能下载带有海洋声音或鸟鸣声的诱导睡眠的有声读物；他们可能刚刚经历了分居，开始订购黑色衣服；他们可能几乎不离开屏幕，失业，没有孩子，只有少数朋友（或许是许多朋友，但他们很少联系），在晚上花大量时间上网；他们可能居住在日照时间最短的地方，在一年中几乎不运动，几年前曾经购买过圣约翰草[①]，分享黑暗的世界观或张贴病态的照片，每天只走几步路，饮食不健康并大量饮酒，非常孤独，以至于在聊天室里为了与其他人交流而付费，从而专门在私人房间里聊天；他们可能在维基百科上查看过有关抗抑郁药的文章，或者访问过有关成功自杀计划的论坛和博客。

全球定位系统（GPS）数据可以揭示谁在床上使用笔记本电脑和智能手机，以及时间有多长。即使是作为一名心理学家的我，也不可能想出所有的标准，但这个秘密的BUMMER算法通过独立分析反馈回路和尽可能多地整合信息，可以越来越精确和全面地计算出（逐渐出现的）抑郁症的迹象。

事实上，科学已经证明了明亮的光线对于冬季抑郁症的积极作用。因此，上述的消费激励旨在推动消费一种可以改善生活的产品。举例来说，在我写这本书时，一盏日光灯帮助我度过了漫长而黑暗的冬日，这对我来说是有实际好处的。然而，遗憾的是，当涉及那些已被证明会对我们造成伤害并使我们更加依赖的产品或服务时，这种机制同样有效。

[①] 一般指贯叶连翘，金丝桃科属植物，是欧美的常用药草，有宁神、调节情绪的作用。

永远不要有坏心情!

此外，人们越来越清楚地认识到人类的声音是多么不可靠。工作面试正越来越多地用语音分析取代或补充传统方式。这种趋势同样适用于通过即时通讯服务发送语音信息。我的个人语音助手现在可能能够根据我语音的情绪推测我是抑郁还是欢快。或者，也许我的声音听起来很压抑和悲伤，因为我对算法操纵机器的致郁效应思考得太久了。

情绪的背景，而不是情绪本身，更能说明一种情绪的意义。如果不是这样，我就不会赋予这种情绪什么特别意义。例如，它可以是一种建设性的悲伤（如亲人去世后的悲伤），也可以是一种破坏性的悲伤（如多年后仍无法摆脱失恋的阴影，不敢开始新的关系）。

并非所有阴郁的情绪都是坏的，也并非所有明亮的情绪都是好的。一个现代的谎言将光明的情绪提升到积极情绪的地位，却排斥黑暗的情绪，将其视为应该不惜一切代价避免的负面麻烦制造者。"永远不要有坏心情！"一半是威胁，另一半是憧憬。

如果我们不这样做，我们就会被推送治疗冬季抑郁症的日光灯广告，一般会出现在电子邮箱右上角的横幅处。通常会有一些东西闪烁或跳动（如果广告商为闪烁和跳动的动图效果购买了高级服务的话），以转移我的注意力，使我从阅读邮件转向对冬季抑郁症患者的消费激励。我们的注意力几乎是不可避免地会被声音和运动的信号所吸引，否则我们也不会作为狩猎采集者在最后的冰河时代幸存下来。

治疗冬季抑郁症的日光灯广告在右上角不停地闪烁，我点了那个链接，它跳转到了一篇关于一万勒克斯将如何有效地作用于我的神经递质和激素分泌的文章。在这个看似"编辑精选"的页面上，只有"广告"这两个不起眼的小字揭示了其本质上不是科普，而是推销。广告 4.0 知道如何把自己伪装得越来越好。又是一个可以点击的广告横幅，它又在闪烁，"咻"一下我又到了一个线上台灯商店。简直就是魔法。再点击一下，我就可以用亚马逊会员账号下单，然后这个超级亮的、"用了就会觉得舒服"的灯最迟明天就能送到家门口，而且包邮。如此令人上瘾，因为它如此简单、如此快速、如此有效地产生多巴胺。

一场不平等的战斗：BUMMER 与心理的较量

因此，BUMMER 机器的目标就是创造欲望并迅速（显而易见地）满足它们。类似工作也是硅谷那些渴望被称为"人类工程师"的心理学家们的任务。希腊式心理学在美国加利福尼亚州已经不再流行了。

全球各地每天都有病人在与难以控制的成瘾作斗争，他们每周会去心理治疗诊所，一周一次，每次 50 分钟。但是，每周 50 分钟（现在许多人只愿意每月花 20 分钟或 30 分钟，甚至更少）能对一个正蓬勃发展的行业做些什么呢？这个行业正变得越来越自动化、高效和个性化，不分昼夜地不断完善自己，目的是让我们变得更加上瘾——每天 24 小时，每周 7 天，没有假期或节假日，即使在诊所因大流行病或治疗师自己崩溃而关闭的时候也是如此。

此外,一直以来,陷入成瘾的陷阱总是比摆脱成瘾更容易。这一点是所有成瘾的共同特征。个性化、完全自动化的成瘾诱导相对戒断来说更简单,后者(通常是住院治疗)需要更长的治疗时间,随后是长期的门诊心理治疗和每周的自助小组会面,不幸的是,复发率却很高。与昂贵的个人治疗相比,算法化和完全自动化的大规模操纵是一场不对等的战斗。如果立法者不及时、果断地干预,心理医生团队将败给 BUMMER 团队。

两难境地:参与还是不参与

奈飞纪录片《智能陷阱》(*The Social Dilemma*)探讨了社交媒体对我们用户的危险影响。许多社交媒体平台的创建者,如"点赞"和"踩"按钮等平台功能的设计师,都发表了自己的看法,并发出了警告。即使是那些不给孩子买平板电脑并送他们去华德福学校[①]的父母也是如此,他们越来越担心自己打开了潘多拉的盒子,而没有人考虑过后果,也无法评估这些后果。

一位不懈努力的倡导者是特里斯坦·哈里斯(Tristan Harris)。他是一位年轻的美国计算机科学家和企业家,也是人道技术中心的联合创始人。在此之前,他曾在谷歌担任设计伦理学家。这里的"设计"更像是布局和导向的原则或概念,包括其中涉及的道德影响。

---

① 华德福学校(Waldorf Education)是依据鲁道夫·斯坦纳(Rudolf Steiner)自创的人智学理论创建的学校,其教育理念是以人为本,注重身体及心灵健康的和谐发展。

哈里斯访问了福格（B. J. Foggs）的说服性技术[①]实验室，并学习了有关行为改变的心理学知识。硅谷的许多牛人都是从这里走出来的。

2013年2月，哈里斯写了一篇广受好评的倡议文章，呼吁尽量减少让人分心的技术使用，恢复对用户注意力的尊重。如果大数据垄断者们想要阻止"人类整天埋头于智能手机"，他们将承担巨大的责任。哈里斯从根本上（甚至可以说是实际上）认识到了利用BUMMER的潜力来破坏所有大脑的可能性，他此后一直致力于提高人们对新风险和行为上瘾的认识。

特里斯坦·哈里斯创造了"人类降级"（human downgrading）一词，用以描述强化、成瘾、依赖、分心、混乱、孤立、两极化、虚假信息和迷失方向的交互作用。这种交互作用试图不断地降低我们的地位，使我们退化、分化，让我们更加依赖，使我们不知所措、孤立无援、完全被削弱，并让我们变得不慷慨、不宽容。这些大型科技平台的商业模式就是劫持我们的注意力，通过所谓的"提示"，诱导我们走向它所期待的方向。而这也使我们失去了努力提高自己注意力的能力，缺乏抵抗这种"人类降级"所需的精力。

今天，我们与智能手机的对话已经变得非常自然。我们会和苹果公司的语音助手Siri对话，每当使用社交媒体时，我们也都会与算法进行互动。它们解读我们的喜好、兴趣、欲望，甚至是最细微的无聊与恐惧。它们试图揭示潜伏在我们内心的成瘾潜力。

在这个过程中，大五人格理论也发挥了作用。例如，在"开放性"方面得分高的人可能更倾向于接受异国旅游，而在"尽责性"方面得分高的人可能更愿意采纳安全技术和组织良好的智能家居。

[①] 意指用于影响、改变人们的行为和思想的技术。

此外，那些在"神经质方面得分较高的人则可能成为韦克菲尔德医生的目标人群。"

基于"大五"的算法会在我们自己的意识觉察之前就推荐我们可能感兴趣的东西。BUMMER 旨在找到那些"尚未作出决定，但已经有了某种想法"的人，或者在个性特点上具有特定倾向的人。这正是它们的获利之道，因为在适当的时机，只需一次轻轻的助推，另一个消费者就会变得软弱无力，然后按照所期望和预测的方式行动。时机至关重要，而大数据早已深谙其中的奥秘。有些人渴望这样做，因为在某种情况下，他们的银行账户将有更多的钱，或者更多的权力和声望——这是人类历史上除金钱以外的两种强大驱动力。

七大网络成瘾

近年来，非毒品成瘾性疾病已成为科学研究的热点之一。因此，所谓的"行为成瘾"已被纳入《精神疾病诊断与统计手册（第五版）》（*DSM-5*）。然而，迄今为止，只有传统的赌博成瘾（包括赌场、体育博彩、扑克等）被列为成瘾性疾病章节中的一个独立疾病类型。购物成瘾和网络成瘾等尚未被纳入分类系统，这一点令人费解。仅有"网络游戏障碍"，作为网络成瘾和赌博成瘾的一个特定亚型，被列入 *DSM-5* 的附录，用作临时研究诊断。

在我看来，有七种最常见的网络行为成瘾早就应该作为诊断标准纳入所有临床心理学家、家庭医生、精神科医生和教育工作者的手册中。它们可归为以下几类。

- 一般网瘾：长时间过度使用互联网，但不偏爱特定应用；
- 网络游戏成瘾：沉迷于计算机和网络游戏，如第一人称射击游戏、在线角色扮演游戏等；
- 网络赌博成瘾：过度使用互联网赌博服务；
- 手机成瘾：频繁且强迫性地使用智能手机；
- 网络色情成瘾：过度或强迫性地观看色情制品或参与在线色情活动，如网络色情聊天室等；
- 网络购物成瘾：强迫性地在互联网上购物，甚至导致严重负债；
- 社交媒体成瘾：长时间过度使用特定社交媒体应用。

然而，心理治疗的普及情况仍不理想，导致受影响的人通常需要长时间等待治疗。网络成瘾者倾向于长时间过度使用互联网，拖延履行职责，难以自律。过度使用互联网可能导致各种功能紊乱，使人们能够逃避不愉快的任务并长期拖延执行这些任务，从而永久地阻碍了重要的职业目标和个人生活目标的达成。此外，与互联网相关的问题还包括动机不足、睡眠障碍、注意力不集中、低自尊、内疚感和对未来的担忧。消费成瘾和社交媒体成瘾相互促进，奖励性消费释放的多巴胺与社会认可产生的多巴胺相互作用。

以尼古丁成瘾为蓝本

自从行为主义和行为疗法问世以来，我们就发现消除条件性成瘾比增强它更为困难。就像驯兽师更容易教一头老虎学习新技能，而不是将某种行为从它身上抹去一样。一支人类工程师的大军正在全力以赴地努力，以进一步增强他们的 BUMMER 机器促进成瘾性行为的潜力，因为利润就在眼前。

烟草行业早已了解这一点。他们诱导成瘾的手法和策略已经成为 BUMMER 行业的典范，科技潮人也公开承认这一点。在这个意义上，我们对一包香烟或一条网络约会信息的渴望都属于成瘾压力或强迫性欲望，别无二致。无论我们是听到打开一包新烟的声音（故意设计得尽可能响亮），还是短促的消息提示音，都没有区别。这种具有穿透力的、带着紧迫感的声音甚至在手机和笔记本电脑上都能听到。如果你在第一次提示后没有打开信息，它就会在两台设备上重复响起。我至今仍不知道如何关闭这种干扰我注意力的功能。肯定有设置可以做到，但我不想多花上一个小时去研究。

这两种声音都会引起唾液分泌、心跳加速、手心出汗，并立即释放多巴胺，几乎总是无法避免地吸引我们的注意力。我们与狗有着共同点，尽管它们有毛茸茸的爪子而我们没有。

与数字监控主义相比，烟草行业的先驱们只能算半吊子。因为他们能调整操纵的点要少得多，而且其中一些地方无法做到个性化设置。他们无法精准地确定我的成瘾类型，也没有（潜在）吸烟者的心理图谱。因此，他们无法根据吸烟成瘾的特点来调整他们的广告。所有吸烟者看到的都是同一个形象——一个骑着敦实骏马、手持套索的牛仔，尽管烟民可能更喜欢骑着摩托车、留着猫王发型的摇滚歌手形象，就像万宝路香烟的经典广告那样。

总结

近年来，物质成瘾性疾病成为科学研究的焦点之一。然而，到目前为止，只有传统的赌博成瘾被列为成瘾性疾病中的一个独立临床病症。购物成瘾、手机成瘾或网络色情成瘾等，尚未被正式列入成瘾性疾病的范畴。消除条件性成瘾比增加条件性成瘾要困难得多。一种无处不在的"助推"在潜移默化地影响着我们。这种"助推"的时间和类型通过对所有用户的心理图谱进行分析而得到进一步完善和个性化，被称为"精准定向营销"。

为什么 BUMMER 会让我们越来越焦虑？

因为那些租用 BUMMER 的人在神经质特征的用户身上，而不是在那些对 BUMMER 依赖性较低且不那么焦虑、嫉妒、孤独、困惑和迷茫的用户和消费者身上赚得更多。平台越能通过设计先唤起需求，然后迅速服务和（看似）满足需求，就越能激起恐惧，之后（看似）再次缓解恐惧。比如，通过安抚性的虚假报道，BUMMER 就能获得更多的付费（广告）客户。

我们以一种焦虑的方式越来越多地转向虚幻的世界和虚幻的解答，转向虚幻的冲突和虚幻的天堂。我们以一种焦虑的方式压抑我们周围的现实，选择想象中的生活，而不是积极为我们自己和我们的亲人去改善现实生活。

贪得无厌地购买带有承诺的消费品可以被看作一种替代性的满

足（也是一种防御机制），是对意义寻求受挫的后果。快速的消费刺激取代了持久的快乐、意义和目标——甚至我们生活中与人交往的需求。因受挫而拼命地吃东西或进行其他形式的挫折感消费都是一种替代的表现。

我们能做什么？

我们可以有意识地避开 BUMMER，无论我们在哪里发现了它的操纵。我们可以控制消费、减少消耗、增加分享、重新发现和恢复有活力的活动。更重要的是培养内在的品质和才能，而不是盲目崇拜商品和品牌，试图通过"非买不可"的方式来衡量自身的价值。

在这种相当舒适但不够成熟的情况下，我们需要保持——或者说重新获得——自己的自主权，找到新的解决方案，并将其作为榜样。我们应该积极争取重新获得我们的精神自主权，重新获得对我们注意力的控制权（至少在某种程度上）。只有减少花在屏幕前的时间，更多地在真实世界中体验和自主地与他人交流，我们才能逐步实现这一目标。

此外，在意识到这一点后，我们应该立即采取迅速、持续的行动，而不是沉湎于抱怨和无所作为。

2　自我形象焦虑

＃当网红是一种什么体验？

为了在竞争日益激烈的数字经济中生存，我们必须找到让自己脱颖而出的方法。这可能意味着我们要在网络上展示比竞争对手更极端、更优秀或更锋利的特质，或者至少必须假装如此。在网络平台上，每个人都与数十亿潜在竞争对手和（虚假）账号竞争。这种市场逻辑激励我们采取更极端的立场或展示更完美的表现，甚至可能包括采取激进的自我营销方式和自我毁灭的行为。

当各种身份相互交融、彼此消解的时候

这种激进的自我营销形式是伊娃·科莱（Eva Collé）的手法。她允许个人身份和社交媒体上的身份相互交融。在备受关注的纪录片《寻找伊娃》（*Search Eva*）中，她坦言："我经历了所有糟糕的情况。"在片中，伊娃·科莱面对着镜头，坦诚地介绍自己的电影："这

是关于一个女孩，或者同类人的纪录片。她曾是一个乐观主义者，但在资本和父权的反复压迫下，她放弃了所有社会交往，直到决定埋葬自己。"

该片跨越了10年的时间。17岁时，伊娃离开意大利家乡，来到德国柏林生活。她多变的生活引起了人们的兴趣，但也引来了大量负面评论。10年来，她的所有财产只有两个行李箱。她经历了多种身份，将一切都展现在网络上，包括歌曲、经历、表演和家庭成员等。

10多年来，伊娃故意选择彻底展示自己的脆弱，因此受到了各种攻击。她的追随者不分昼夜地给她发来这样的评论："你是故意让生活变得糟糕，以吸引关注吗？你看起来像个外星人。你过于渴望关注。你太无聊了。你连自己的烦恼都处理不好，却要给青少年建议。你的博客变得越来越阴暗，以前还能带点正能量。你对关注的渴望太过分了。你只谈论自己。我认为你在捏造一个受害者形象。你接受过治疗吗？你只是在追求爱吗？我认为你的一切都是假的。你的存在让我害怕未来。"

这只是BUMMER机器泼出脏水的节选。那些长年累月饮用这种有毒混合物的人——从青春期开始的每一天、每一个月、每一年——开始怨恨自己，只为能减轻那些舒适地躲在网络匿名世界黑暗角落里的狙击手和键盘侠带给自己的恶意伤害。如果我采用自我虐待，我就比那些想要恶意中伤我的人占了先。

只有善意的评论者才会费心去区分大小写（字斟句酌）。其他人都把心理学变成了一种精神攻击的武器。这是一个令人担忧的发展趋势，而且早已不再局限于小众网络之中。撰写仇恨评论的行为被越来越多的社交网络用户视为工作——以毁灭为目标的工作。在与众多幽灵的战斗中,参战者出于需求、过于天真或为金钱在网上大吵大叫,将自己作为目标提供给那些变态之人。在社交媒体上的自我伤害,几乎没有人能比伊娃·科莱做得更激进。

她的数字游民生活被展示了出来。这是晚期现代性[①]的大篷车——她带着智能手机、笔记本电脑和少得可怜的随身行李"沙发冲浪"[②],或者随便合租一个公寓的房间,然后在那里待上几个星期。伊娃从14岁开始就是这样做的,毫不保留地开放,没有担保或安全网,几乎暴露了自己的一切——彻底放弃了私人生活。由于这种激进的本质,她在网络中拥有一个突出的位置,这符合自我营销的逻辑,不管她本人对此作何感想。

炫耀者的崇高

有些人选择展示自己生活的万丈深渊,另一些人则选择展示他们耀眼不凡的成就和金碧辉煌的一面——最伟大的成功和最非凡的巅峰体验,以及他们最精致的时刻和最高雅的征服。他们不断地忙于闪耀,在精心设计的灯光下登场。

文化学者卡尔·蒂勒森(Carl Tillessen)对比了传统卖弄和数字化炫耀。过去,即使在相对简单的圈子里,通过直接将周围人的

[①] 晚期现代性是一个划分时代的专业术语,是对当今全球先进社会的一种特征描述,指现代性的延续或发展。
[②] 沙发冲浪(couch surfing)是一种受年轻人青睐的新兴旅行方式,指以较低成本甚至免费的方式,借住在旅行目的地城市当地居民家里的沙发上。

注意力引向自己身上令人羡慕的东西来寻求赞美，也被认为是完全不可行的。更不用说在公众面前大喊大叫："嘿，大家看这里！我的新衣服是不是非常棒？我的新运动鞋是不是非常酷？"而在网络上，这是完全正常的行为。你公开发布一张照片，要让整个网络和社交平台上的人来给你点赞和评论。这就像是在用炸药棒来捕鱼（捞取赞美）。这个比喻很贴切，大多数人甚至意识不到他们手里拿的是"炸药棒"。

对于吹牛炫耀者的加冕正在各种媒体中盛行，潜移默化，无法阻挡。公开炫耀财富和魅力的现象正在升级：炫耀得到掌声和点赞，而作为重要美德的谦虚和低调却越来越不受尊重和重视。

安德烈亚斯·莱克维茨在他的散文集《幻想的终结》(*Das Ende der Illusionen*) 中描述了一种正在递增的、渗透越来越多生活领域的社会经济化现象。特别是在全球自我营销的新市场，21世纪的"形象神经症患者"充斥其中，不可避免地催生了许多吹牛炫耀者。这里的经济化不一定是商业化，而是指社会结构逐渐转化为竞争和角逐的模式——甚至在非商业领域。这样一来，以前没有或几乎没有的市场就出现了，比如约会市场，这是下一章的主题。

市场辩护者常常提及双赢的组合，认为其中所有的参与者都应该是赢家，但晚期现代社会经济化往往导致了有输有赢的结果。正如莱克维茨所指出的，赢家和输家不可避免地同时存在。在特别激烈的情况下甚至是赢家通吃的市场，少数人的过度受益（在认可、满足、金钱、机会等方面）与许多人的失败和挫折形成鲜明对比。在这方面，越来越多生活领域的全球竞争类似于体育比赛，"比赛结束时，闪亮的赢家面对的是一支由默默无闻的失败竞争者组成的庞大队伍"。

个人形象是一堵闪亮的保护墙，以抵御自卑情结

"形象神经症"被定义为一种神经质的恐惧，害怕自己不够成功（特别是在工作中），由此想通过夸张的努力来表现自己，也就是说几乎在生活中的每一种状况下都必须证明自己。"形象神经症"和"渴望被认可"（又译"风头主义"）这两个词是奥地利医生和精神分析学家阿尔弗雷德·阿德勒（Alfred Adler）通过他的个体心理学而引入精神分析学说中的。阿德勒把这个神经症的表现看作对自卑感的过度补偿。在日常的口语中也会用"形象神经症"来描述那些出于自卑感而不断要证明自己能力的人的行为倾向。

在数字时代，形象神经症又有了新的层次。确切地说，就是字面意义上通过虚拟网络"形象"来展示自己的能力和愿望，或者是至少强迫性地想要这么去做。在这个意义上，阿德勒的旧概念"形象神经症"今天几乎可以从字面上来理解。根据这一点，形象神经症可以被理解为对自己在网络上的形象或对他人对其形象的看法的神经性依赖。虚拟形象类似于一潭池水，纳西索斯[①]对着它顾影自怜。显示器的表面如同池水的表面，只反射出自我陶醉的目光。

今天，有很多图片加工和过滤器，让我们的网络自我影像被美化、修改甚至极端化。而在希腊神话里，纳西索斯的倒影至少是真

---

① 希腊神话中的人物，纳西索斯沉迷于自己在水面上的美丽倒影，最后被淹死。纳西索斯也是"自恋"一词的由来。

实的,除非,你是那么爱自己的网络倒影,就像纳西索斯一样,以至于忍不住想要伸手触碰它(掀起的波浪褶皱让倒影无法辨认)。

阿尔弗雷德·阿德勒将神经症患者的特征描述为喜欢出风头,患者使用的语言——如果被正确理解的话——总是在显示他正在为自己的不平凡而努力,并试图强行得到它。一切都没有争取外显的优越性重要。因为自我形象神经症患者的生活问题不是"我必须做什么才能使自己融入社会并从中获得和谐的生存",相反,自我形象神经症患者主要关注的是"他如何塑造自己的生活,以满足他的优越感需求"。

年轻网红的痛苦

根据知名杂志《时尚》(*Vogue*)的报道,来自意大利的基娅拉·费拉尼(Chiara Ferragni)拥有超过 2 000 万的粉丝,是世界上最成功的时尚网红博主之一。基娅拉只是耸耸肩,简洁地说:"你不能允许自己有任何弱点,从这个角度来看,你必须绝对完美。"

基娅拉只用一张自拍或几句话就吸引了数百万人的关注。这种情形只有流行明星方能比肩,但那些明星还必须都有些过人之处才能做到。意大利奢侈品牌芬迪的创意总监西尔维娅·文图里尼·芬迪(Silvia Venturini Fendi)说,基娅拉给大家做了一个充满正能量的榜样:"如果你真的想成功,你也可以像我这样成功!"

也许吧,但这句话也可以反过来理解为:我们之所以没那么成功,是因为我们没那么想成功。基娅拉似乎是世界上最成功的时尚网红，所有其他的时尚网红现在必须自责对成功的渴望不够彻底。

这里的弦外之音是说，基娅拉不是撞了好运，她也没有早早地就开始有了商业计划，她也不是碰巧有了所需要的基因或者朋友，不，基娅拉只是比其他人更加毫无保留地想要成功罢了。我们只需要更加乐意展示，更愿意沉迷，简言之，更加形象焦虑。

但这些都是狡猾的、令人上瘾的目标。越是把不可实现的目标表现得唾手可及，我们就越相信这个被包装的可实现性，就越有动力和毫无怀疑地去追逐这个谎言。于是我们就会开始消费和购买所谓的成功必备工具——甚至是非法的，如处方药或兴奋剂。

其实我们潜意识中明白，这不只是一个愿望的问题，更关键在于是否具备走向极端的意愿和毅力，比如说像基娅拉那样做更多的健身运动、更频繁地分享苛刻的自律之道、少吃食物、尝试和宣传更多的特殊饮食、暴露更多的肌肤、展示更多的隐私、过着更奢华的生活、更加执着地追求完美。换句话说：成为比基娅拉更多元化的广告体。然后，身上的一切都成为一些商品或服务的展示窗口——从假发到专为网红设计的美甲。但如果我没有像基娅拉那样的高新陈代谢基因，我所有的努力都将付诸东流。无论我如何不健康地折磨自己，如何推销我那受伤的广告身体，目标依然无法实现。

在她的婚礼当天，基娅拉查看了她的智能手机，并说："哇，有1 420万粉丝了，新增了20万粉丝……我希望我哭的时候也很美。"她并非在办一场普通的婚礼，而是在打造一场好莱坞级别的盛典："我不需要被全世界所爱，只需要被一个爱我的人所爱。"

她流泪了，就像预先排练过的一样。新郎费德兹（Fedez），也是意大利著名的流行歌手，掀开了她的面纱——与排练时丝毫不差,唯一的区别只是基娅拉在排练时没有流泪。新人的第一吻成为烟花开始的信号,就像奥运会开幕式一般:吻、烟花、以高冷姿态示人的女网红、宾客发文。每个人似乎都超级快乐,超级美丽,超级"ins 风"。

"ins 风"是一个新词,简而言之就是能在社交平台"照片墙"(Instagram)上备受欢迎的事物,可以增加点击率,让粉丝们屏住呼吸,满足广告商需求,符合个人形象并带来名声——从而带来源源不断的财富。他们仿佛在庆祝世纪盛典,优雅地穿行在超白的拉斐尔[①]广告背景中,然后又在灯红酒绿的夜晚翩翩起舞,所有人和一切场景都如此"ins 风"。

没有极端的立场就没有工资

在信息海洋中,只有极端的立场才能脱颖而出。网上的自夸已经成为一种时尚运动。这个信息海洋的水位每天都在上涨。在这个汪洋大海中,很久以来,没有谁会注意到那些小鱼小虾。除非你是海洋里最小的那条鱼,因为"最小"也是一个极端值。

基娅拉·费拉尼希望成为海洋中最大的鱼。但她对自己的生活是否感到满足呢?在最后的采访中,她听起来并不那么确定:"我一直迷恋成为最好的自己。我非常清楚自己的弱点,所以我创造了一个我理想中的形象。我称之为'理想中的基娅拉'。因为这个版

---

① 拉斐尔(Raffaello)是费列罗的一款巧克力,广告里有穿着白色比基尼的美女、纯白巧克力、游艇,整个广告透露着奢侈和高级的气息。

本的自己的存在，我总是试图按照理想中的基娅拉的方式行事。"

也就是说，这是一种认知行为疗法，可以说是一种自导自演的认知疗法。但同时，她也担心不能持续赚取好运，害怕一夜之间失去一切，尽管此时应该"享受你能够享受的时刻"。网红和社交媒体明星确实可能在一夜之间失去一切，因为他们的成功通常是建立在形象之上，而不是具体的技能之上。技能是个人的，形象则是他人对你的看法，而粉丝和追随者是变幻莫测的，最终也是难以预料的。他们随时会因一次轰动事件和丑闻转向关注下一个网红或网络明星。如果一位摇滚明星说错了什么，他仍然是一位有才华的音乐人。但如果一位网络新星或广告明星做错了什么，甚至只是做了一些不合时宜的事情——他们的成功可能会像过眼云烟那样迅速消散。

基娅拉在最后的采访中哭了，她真的哭了。这是我的印象。但在这部纪录片的结尾，你无法真正确定。在我看来，她是因为痛苦而哭泣，因为她很少能体验到幸福的时刻，尽管她的追随者认为她处于非常幸福的状态，但她自己却几乎没有体验过。

基娅拉自始至终都显得很开心——就像一个应该扮演永远快乐的年轻女人的演员。她知道她每天都在一个完美的电影场景中穿行，仿佛生活就是一条长长的T台。她明白这些特权、众多手段和机会以及无上的崇拜应该使她快乐，因此她总是表现得非常快乐，但她的表情再也无法传达这种感觉。她在对外形象的呈现上投入太多，而对自我了解则太少，更像是一个行走的广告牌。

除此之外，她还要承受不能入圈者的嫉妒和憎恨，每天都有不友好的问候。除了被人抹黑或被歇斯底里地崇拜，基娅拉还能体验到怎样的真实人际交往呢？在影片的另一个场景中，她走出酒店房间，穿过富丽堂皇的走廊，一个年轻女子认出了她，尖叫道："天哪，你太完美了……一个女神！"她开始情绪失控地哭泣。基娅拉试图安抚她："别哭了……谢谢你成为我的粉丝。"但女孩没有平静下来，对着镜头哭得说不出话来："天哪，她简直完美无比，如此美丽！"她在酒店走廊上继续歇斯底里地大哭，难以平息。基娅拉继续说，她似乎已经习惯了这种场景。两个极端之间，很少有人能保持平和的反应。

基娅拉在此之前的生活中还能体验到哪些真实的情感？在那些短暂的拍摄间歇中，她还能感受到什么？她是否还有机会回到原本的生活轨道上？如果有一天基娅拉不再像马戏团里的焦点，不再愿意按照策划的方式在巨大的舞台上跳舞，她该怎么办？这样的人生规划或许做得过早了，我们无法评估其长期后果。

网红鼻祖

在这部影片中，她拜访了同样成功的网红帕里斯·希尔顿（Paris Hilton），后者在一个永远阳光明媚的国度、一栋巨型豪宅中，展示的一切都是如此"美丽"。可以说，帕里斯·希尔顿首创了网红职业形象，然后成功地示范了这种形象。在金·卡戴珊（Kim Kardashian）[1]和布兰妮·斯皮尔斯（Britney Spears）[2]的带领下，她

---

[1] 著名真人秀女明星，以其家族的真人秀闻名。
[2] 美国著名流行歌手。

们为 21 世纪的一种新职业提供了蓝图。

帕里斯向基娅拉展示了泳池旁的一栋别墅,这是为她的四只哈巴狗建造的豪华狗舍——根据它们的需求和炫耀的愿望设计并布置的。"希尔顿王子""熊宝宝王子""金枪鱼"和"小巴黎公主"就是她的一切。在拍摄发到社交媒体上的照片时,狗比猫或者小孩都更容易上镜。狗狗们有空调,主屋的所有其他设施与狗的住所同样豪华。在数字时代,与其说是"像上帝一样在法国生活",不如说是"像狗一样和帕里斯[①]生活在一起"更为贴切。

我们真的像基娅拉或帕里斯那样渴望成功吗?还是我们只是不想付出代价?出售我的私人灵魂一直是一种浮士德式的交易——把你的一切都出售给出价最高的人,也就是换取最高的点击率。因为只有当你把一切都交给它时,BUMMER 机器才会选择你。即使是梅菲斯特[②]也知道这一点。

约翰内斯(作者本人)的 4.0 经验

在结束关于形象神经症的章节之前,我想和大家分享一下我如何试图解决自己的形象问题。我决定删除我唯一拥有的社交媒体账号——脸书。我在 2013 年曾经尝试过一次,但没有成功。当时,我在德国巴伐利亚州开始担任家庭法心理鉴定专家,在第一次出庭时,一位律师在网上搜索了我的资料,并试图通过我在脸书上参加

[①] 帕里斯的名字和巴黎同音。
[②] 歌德(Goethe)所创作的《浮士德》(*Faust*)中魔鬼的名字。

聚会的照片来质疑我的专业能力。幸运的是,法官及时制止了他。那时,我第一次尝试删除我的脸书账号,但失败了。

阅读了计算机科学家杰伦·拉尼尔的文章后,我决定再次尝试解决我的"脸书自杀问题"(删除社交账号)。当我想要实施这最后一步时,我注意到了多年前认识的来自阿根廷布宜诺斯艾利斯的艺术家玛丽娜的一组照片。在这些照片中,玛丽娜在她喜欢的每一个人和每一件物品上都贴了一张带有蓝色脸书大拇指标志的大贴纸,旁边写着:"玛丽娜喜欢这个。"有时是迪斯科舞厅的舞伴,有时是公园长椅的木板,有时是有涂鸦的房子墙壁。无论玛丽娜在现实生活中喜欢什么,都会被拍下来,并讽刺性地发表在她的脸书上。我非常喜欢这个想法,我不想通过删除我的脸书账号与她失去联系。因此,我给她写信,祝贺她的艺术杰作,并把我的电子邮件地址发给她。

所以,现在我想尽快结束这一切,注销我的账号。但我找了又找,却发现什么都没有。远远望去,没有退订按钮。这真是最容易沉溺其中,却最难摆脱的陷阱。在硅谷,这被称为"有效的营销"。即使经过一个小时的搜索,我依然一无所获:没有出口,没有逃离这个比特和字节迷宫的出路。

不过最后,我找到了一个名为"如何删除你的脸书账号"的脸书小组。我点击进去,先是观看了一个动画教程,然后又把这个教程反复观看了好几遍,最后开始记笔记。他们建议我去"账号管理"里找。我按照我的笔记,又开始了两个小时的折腾,这一次全程都是用英语。

最后一关真是厚颜无耻到了极点:他们用复杂的英语告诉我,

我的账号已经被标记,也许在 30 天后能被删除,如果我能在一个月以内抵制住来自脸书营销部门的诱惑的话。那些只有少数人了解的神秘算法,又会再次试图抓住我。只要点击一下,俱乐部就会立即欢迎我这个"浪子"回来。他们仿佛假设我永远也离不开这个平台,就像一个街角酒馆的酒鬼一样。所有的旧照片和回忆瞬间重现,仿佛从未中断过一样。这就是成瘾的力量。

自从巴甫洛夫的狗以来,所有的心理学知识似乎都转到了狗的身上。自从伯勒斯·斯金纳(Burrhus Skinner)和他的有糖水依赖的小鼠[①]以来,自从互联网的发明以来,同样的心理技巧不断地重现。

要在脸书上成功注销账号,只有在克服极其复杂且不断被升级的困难条件下才有可能,这是我的经验。我们最终需要出台法律,迫使那些让人上瘾的数据垄断者确保,取消订阅的按钮就像订阅按钮一样显眼易用。只有这样,才能取得一些效果。

我们会不会允许一个巨大的聚会场所,只有一个不显眼的出口——四处都是红地毯和时髦的装饰,一切都笼罩在谄媚的灯光下,而在大厅的另一端,只有一个隐蔽的洞,能勉强爬出去?如果小屋起火了怎么办?而现在小屋确实着火了!

备注:四个星期后,我终于成功了。我再也没有社交媒体账号了。只是很遗憾,我没收到玛丽娜的电子邮件。

[①] 斯金纳是新行为主义学习理论的创始人,这里指他的经典操作性条件反射实验。

总结

在数字时代,形象神经症又增添了一个新的维度——人们必须或者说被迫通过在线个人资料来打造自己的形象。在这个意义上,我们可以将阿德勒提出的"形象神经症"的概念从字面上加以理解。他将其定义为对自卑感的防御,同时也有对社会认可的渴望。形象神经症指的是对自身形象或其认知中的虚拟形象过度依赖,而这些虚拟形象在当今社会通常都是虚构的。屏幕成了一潭池水的表面,使纳西索斯只能看到自己。形象神经症描述了一种近乎强迫地在网络上闪耀的冲动和渴望。

为什么(假的)形象会让我们越来越焦虑?

如果我们声称自己已经成长了,那么心理上的进步就无法继续。当我们在网络上声称自己比现实生活中更高大、更勇敢、更高贵、更成熟、更平衡、更美丽或更自信时,实际上是剥夺了自己迈出下一步的机会。我们作为(虚拟的)炫耀者,唠唠叨叨地谈论着在现实生活中仍然无法达到的水平。于是,我们停止在现实中成长,不再进行自我反省,而是忙于使虚幻的形象、虚假的主张和谎言在现实生活中看起来更具可信度。我们总是带着被揭穿的恐惧,就像是冒牌货总是担心在某个时刻会被识破一样。

在过去,冒牌行为还是一种罕见的现象。而今天,在网上冲浪,看着无数自诩英勇的形象神经症患者描述所谓的壮举,好像已经成了一种全民运动。或者我们选择几乎不离开家，试图逃避现实的审视。如果我们还是被揭穿了，随之而来的往往是来自所有乐于相信谎言的人的毁灭性的网暴。

我们能做什么？

在个人资料或聊天中，我们不应该作出虚假陈述，也不应该在我们的个人资料图片上添加美化的滤镜。我们不应该试图成为另一个人。尽可能少地公布关于自己的细节和图片，无论它们是真实的还是虚假的，这样会更好。相反，我们应该通过毅力和耐心来培养自己，过上让自己更加满意的生活，取悦自己，而不是为了迎合某些我们几乎不会见面的网友。这些用户可能无法接受真实的我们，因为他们并不真正了解我们，也无法真正接纳我们。当我们跌倒时，他们不会伸出援手。他们只在我们符合他们的期望时才会对我们表达爱意。

3　恋爱脑与约会焦虑

#在交友软件上左滑右滑[①]时,你在想什么?

作为一种广泛的、成熟的、以数字方式认识陌生人的形式,约会软件只存在了十年多一点的时间。然而,在此期间,我在我的治疗中几乎没有发现一个人没有注册(至少一个)约会平台。甚至很多处于恋爱关系中的人也没有放弃他们的账号。这一印象与有关调查相吻合:调查显示,今天世界上有8亿单身人士,而且这一数字正在上升。在美国,40%的新关系通过在线约会平台开始,在德国,这一比例为36%。

例如,我现在有一些二十多岁的病人,他们在十年内有过无数次约会——转瞬即逝,大多是纯粹的性接触——但不再有进一步的关系。有些人甚至与固定对象有几年的性接触,但仍明确地不认为这是一种亲密关系。有些病人甚至在治疗初期表现出不渴望建立伙伴关系和长期的爱情关系。尽管如此,这些生活计划对于最终评估

---

① 约会软件的操作逻辑是左右滑动卡片式的个人资料来选择"感兴趣"或"不感兴趣",如果两个人都选择"感兴趣"的话就会配对。

人格发展和关系技能的后果来说还太初级。然而，我观察到一种不断强化的自我中心主义和自私，即要求越来越高，然而随着时间的推移，越来越少的约会对象能达到这种要求。这些人如今越来越难以找到合适的交往对象。

对恋爱的热爱

新鲜的恋爱是一种状态，人的大脑同时释放肾上腺素（压力激素）和多巴胺（幸福激素），因此在短时间内我们真的感觉到一种积极的压力。但约会往往会退化为纯粹的负面压力。电影和文化评论家格奥尔格·希斯伦（Georg Seeßlen）在他关于数字化约会的《互联网时代的爱与性》（*Digitales Dating. Liebe und Sex in Zeiten des Internets*）一书中，描述了新兴约会平台的机制。现在的问题是：究竟是谁在启用和控制这些平台？

格奥尔格·希斯伦的结论是，互联网的行为就像一台失去控制的机器。然而，这是一台非常多样化的机器。这台接触机器既是媒人、婚姻经纪人、爱情使者、治疗师、伙伴，但同时也是偷窥者、跟踪者、敲诈者、忏悔者或欺凌者。作者认为其优势在于持续可用性、非承诺性和匿名性："因此，除了通常的风险——留下数据痕迹、上当受骗、上瘾等——新的用于结对子的社会机器似乎有助于将风险降至最低……"

网上约会也提供了许多积极的机会，例如，为单身父母、既没有时间也没有出门意愿的老年单身人士、寡妇以及鳏夫提供了机会。

然而，单纯的在线交流存在着自我欺骗的危险。一个关于"另一个他（她）"的想法很快就会形成，并越来越多地成为自我对另一个人的投射。这就是为什么要迅速线下见面，我明确地鼓励我的病人尽快去见另一半。但如果真正的会面被推迟了几次，其中通常的障碍是对关系的恐惧，相当多的人只是想找一个聊天伙伴来对抗孤独。此外，很多时候提供了虚假信息是线下见面被推迟或避免的原因。

在尼日利亚和加纳，单身人士的孤独创造了一个价值百万美元的生意。年轻男子——以及少数妇女——盗用有吸引力的模特、不算太出名的网红或女演员的个人资料照片，一直避免见面而只是要求对方尽快购买机票，谎称为实现所谓的"大爱"奔现。但是，如果你始终坚持尽快见面，并以其他方式结束联系，你可以为自己避免很多痛苦——以及节省大量的费用。

最初的自我欺骗越大，后来被欺骗的失望就越大，尤其是当对现实的防御不能通过实际体验来实现的时候。即使在个人资料和聊天中保持诚实，这条规律也是适用的。对于假的资料或带有一些虚假信息（例如年龄、身高、是否有子女或关系状况）的个人资料，这一点甚至更加适用。

约会一次就拜拜！

上面提到的真人见面带来的现实冲击，导致现在有越来越多的幽灵化（ghosting）现象：（潜在的）伴侣突然消失，像一个无形的幽灵一样消失在网络世界里。被抛弃的人一头雾水地意识到他（她）已经在所有社交渠道被对方拉黑了，而且因为他（她）除个人资料和智能手机之外也没有可以联系的方式，所以这并不是虚拟的拉黑和封锁，而是事实上的隔绝。在佯装感兴趣或是一厢情愿之后，这是多么令人失望啊。有些被抛弃的人仍然会刷到前任和新欢的视频，之后就被屏蔽了。通常只有男人才会那么丧心病狂和残忍。

然而，最重要的是，放任"鬼影"一般玩失踪的坏习惯蔓延的后果是没有人能学到什么可以帮助个人成长的东西。在不停约会过后，没有人能变得更有能力处理长期关系。如果从来没有人告诉你错在哪儿，如果你从来没有发现你的伴侣缺少什么，如果从来没有给你一个机会去改变什么，你又如何从中学到什么教训呢？或者你根本不可能改变什么，因为前任就是不喜欢你的体味或者只是无法忍受你的香水的味道？而且没有人能够通过两个屏幕闻到对方的味道。

从我的治疗实践经验中，我知道的影响因素往往是那些微不足道的小事：穿错了衣服、工作不酷、家里的装潢设计太闷，或者是对自己在约会市场的估值甚高并觉得自己的约会对象会拖累自己。不，新的"配对目标"的市场价值和自己的市场价值相比应是有溢价的（往往只超出一点点）。当然，当双方都这样看的时候，问题就出现了，这种情况越来越普遍。有时人们在约会游戏中玩失踪只是为了抢占先机。被拒绝是痛苦的，也会让人难过，而拒绝别人则是对于自我的奉承，逻辑就是如此。

在这个意义上，它们往往不再是真正的爱情关系，我说的是没有真正承诺的"类似亲密关系的氛围"，没有真正与对方交往，相互信任而不倾诉，与和陪酒女郎或应召男孩度过一个浪漫周末没太大的区别。不言而喻，他们在某种程度上是在进行双赢的约会，在一段时间内上演类似亲密关系的氛围。在此，如果两人中有一人敢于挑明，也会破坏仅有的一点东西。往往只有一方这样做，痛苦就开始了。

一些约会平台上的部分用户会同时有很多约会，以至于他们不得不想办法玩分身术。如果不玩失踪，他们可能都没法跟上生活和工作的步伐。通常情况下，这些人都是不想过早付出的人——或者如果要付出的话，那就付出最小的努力。你要么同时有很多约会，要么已经专门约会了几年，或者基本上只是想约会，那么风险最小化和减少情感及财务投资几乎是不可避免的。

社交媒体很快就能让人上瘾，因为人们最喜欢的就是关注。如此简单，如此有效果。这种让自我感觉良好的成瘾事物对各年龄、社会阶层和智力水平的人都有效。但为什么我们选择匿名观众的（虚拟）关注，而不是约会对象的关注？虚拟世界关注的数量似乎胜过了真正接触的质量。在网络空间中被群体喜爱的抽象感觉似乎胜过在此时此地被一个人喜欢和欣赏的感觉。后者似乎越来越不让人满足了。但是，当你跌倒需要被人扶起时，网络空间永远不会帮上忙。在需要的时候，我们宁愿有三个好朋友也不愿意有一千个网络朋友，宁愿有一个伙伴也不愿意有十个网上约会的对象。在年老时是如此，在爱情中更是如此。

保持安全距离的爱

我请一位病人总结一下她在过去两年中的网上约会经验。

关于我的简介:我是一位来自慕尼黑的单身女士,32岁,很成功,两年来一直对所有形式的邂逅持开放态度。近年来,我注意到有两类消极的男人:"上了发条的男人"和"亲密关系无能者"。

上了发条的男人:我们(尤其是在慕尼黑)活在一个绝对以成效为导向的社会。一切都是为了尽可能有效地优化自己的工作和安排自己的休闲时间。这个原则也被用于认识人和建立伙伴关系。这样的人几乎不对关系进行任何投资。这类人在他们的资料上暗示地写着"追得上就来抓住我"。我想:"呃,你自己抓住你自己吧。"他也可能想表达的是"让我看看你能做什么让我兴奋的事"或"证明你是值得的"。我想:"我有什么必要向你证明什么?你以为你是谁,任何女人都要向你证明什么吗?"

我通常会努力去匹配①这样的男人,为了最终让他们听到我残酷的想法。我曾经和一个37岁的男人约会,他的事业非常成功。几年前,他处于崩溃的边缘,经常非常忙,压力很大。一个星期六的早晨,当我们共眠一夜醒来后,我正悠闲地把咖啡送到床上,想再放松一下,他看着我说:"有你在我身边,我担心我会变懒。"你当然可以想象我的下巴几乎掉下来了,我坐在床上惊呆了。

另一位成功的慕尼黑单身人士曾经邀请我在一个啤酒花园②里

---

① "匹配"是网上约会的一种方法。许多在线约会机构使用匹配过程,向会员推荐适合他们的伙伴。性格测试被用来测量在伙伴关系中特别相关的特征。这些机构通常会创建一个性格档案,然后用一种算法确定匹配的伙伴。

② 德国传统的室外餐厅酒吧。

吃饭。见面后,我们意识到自己对双方来说都不是一个好的对象。几天后,我收到他的信息,说我应该把他请我吃饭的15欧元还给他。他的原则是:"这投资不值得,把你那份还回来。"我问他是不是认真的,他把我拉黑了。

亲密关系无能者:有些人,如果你在情感层面上与他们靠得太近,他们就会立即逃之夭夭。你往往在有第一次身体接触时就会注意到这一点。这种人很难放开自己,行动机械,过度谨慎,没有激情。

现在,我的这位病人已经决定以传统的方式去约会,碰碰运气。有些人甚至在大冬天相约,在零度以下的天气和下班后的黑暗中,沿着伊萨尔河散步,并带着些装在保温瓶中的热红酒——只是为了能够再次接触活生生的人,以此摆脱家庭、办公室和狭窄的一室公寓的隔离。如果没有网上的交友平台,真实的邂逅恐怕会更少。

因为大流行病带来的后果,人与人之间的真实接触再次被珍视,但我担心这不会持久。庞大的单身群体似乎永远不会枯竭,你可以轻易地在网络软件上左右滑动他们的资料。多年来网络一直在助长反人类亲身接触的关系发展。

网络爱情的严格规则

有的约会平台甚至对用户的外貌提出了要求,它们公然展示了这一切的意义——市场价值的比较。在外貌、生活方式,甚至个性的排名中要往上走,避免下降。网上约会是一个垫脚石,像个帕特诺斯特电梯①（或者是作为风险尽可能小的自我增值投资）。

根据这些约会平台的说法，"能打的颜值"，即能一击制胜的迷人外表，可以根据各种选择标准来确定。绝对的落选标准包括"不对称的面部特征，任何种类的脂肪，脱发，太矮（尤其是男性），太高（尤其是女性）"等，但也包括"不时尚的衣服和老气的发型"。此外，还有一些约会软件只欢迎有足够的经济实力的用户，它们的口号是：当你不会成为伴侣或未来伴侣在奢华生活中的负担时，你才能拥有爱情。很实际，不是吗？不仅是物以类聚、人以群分，人们还很乐意只待在自己这个圈子里。

安德烈亚斯·莱克维茨将这种对生活所有领域进行排名的后果描述为吸引力差距的扩大。因为这种在几乎所有领域——也包括在工作领域之外——的营销正在扩大"赢家"和"输家"之间的差距。以色列社会学家伊娃·易洛思（Eva Illouz）研究了在亲密关系和数字伴侣平台领域是如何迅速形成越来越密集的市场的，在这些市场中，女性和男性简直是在直接推销他们的个性吸引力。因此，以成功来衡量人的想法在约会市场已颇具规模。成功与失败相距不远：一些人有众多追求者，而另一些人几乎总是处于劣势。

网络跟踪

这种新型的网络约会可能性还会带来另一种令人高度紧张的风险——即使在分手后也能继续在网上跟踪前任。这种网络跟踪

---

① 一种没有门、缓慢上升的电梯，人可以随时上下。

(cyber stalking)也被称为"网络缠绕"。在我的病人身上,"网络缠绕"往往会导致怨气一次又一次地重现,有时会持续几个月,使人几乎无法放下,无法尝试新的事物。如今的这类病人不会开车经过前任的房子,检查灯是否亮着,而是用前任与新欢在以前最喜欢的酒吧或在德国最高山峰楚格峰的照片来折磨自己,这几乎是一种受虐狂的表现。类似的受虐又比如在网上刷到前任分手后在职场上飞黄腾达,而且她最近的动态显示她一个人在希腊米克诺斯岛上岁月静好地读一本好书,或是和一群朋友一起愉快地徒步旅行。所以常常只有删掉社交媒体账号或聊天记录才是"真正的分手"。

网上约会也有好处

瑞士著名的精神分析夫妻治疗师和作家于尔格·威利(Jürg Willi)在其经典著作《二人关系》(*Die Zweierbeziehung*)中写道:"让我们先来谈谈,在选择伴侣时,相似或相反的性格是否倾向于相互吸引的问题。这是两条看似矛盾的规则——同类相吸(同质配对),以及异性相吸(异质配对)。相对简单和确定的是,统计学上证明了伴侣在阶级、种族、宗教、世界观、价值观、态度、习惯和兴趣方面的同一性。因此,这两句话可以合二为一:同类中的对立面相互吸引。"

威利谈到了"互动人格",意思是我们在与不同人的关系中扮演的角色是不同的,表现也不同,而且我们也会随着时间的推移而改变,变得更接近对方。在一个积极的意义上,伴侣会一起发展。

威利称这种情况为"共同进化"。

所以人们可以看到多次约会的一个优势,即能够在与非常不同的人的互动中发现自己的人际交往特质。这在过去则困难得多。你通常不知道在酒吧里看起来很有趣和性感的人是否也是单身。这有时会导致严重的错误。在各种约会软件盛行的时代,我的病人发现,现在在超市里跟某人搭讪几乎是不正常的,因为你可以在网上获得信息。因此,他们拿出智能手机,看看街道对面或者吧台上的人谁还单着,不是直接过去搭讪,而是先在网上感觉一下。如果这本身是为了真正朝着一段令人满意且愿意作出承诺的关系发展,那绝对是一件好事。

什么是一段良好的关系?

那么,什么是良好的关系呢?德国精神病学家曼弗雷德·卢茨(Manfred Lütz)问美国著名精神病学家和精神分析学家奥托·科恩伯格(Otto Kernberg)。科恩伯格以宏大的智慧和多年的丰富经验回答:"人们必须在三个主要方面发展良好的关系,首先,良好的性关系总是很重要的,然后是共同塑造日常生活的快乐,之后是共享价值体系,也就是如何看待共同生活的意义。"

重要的是,一个人如何在恋爱中从迷恋发展为成熟的爱。这只有在爱保持不变的情况下才能发生,即使最初的理想化在某些时候会遭遇失望。这也几乎是不可避免的。起初,激素的陶醉让人看不清。计算机断层扫描等成像技术显示了新近恋爱中的人的大脑如何运作,这与服用可卡因的测试对象的大脑很难区分。但在3~6个月后,激素和神经递质的陶醉已经结束,对伴侣更清醒的认识应该逐渐建立起来。

我们的生理机制在关系开始时给予刺激,以便我们能快速投入建立真正的关系和养育后代的努力中。顺带地,热恋开始时的激素鸡尾酒确保了我们的繁衍。因为从进化—生物学的角度来看,最初的高潮和陶醉被证明是非常有效的,如今地球上约80亿人的人口就是让人不得不信服的(事实上,几乎令人担忧的)证据。

大自然是一个很好的教育家,她知道用奖励比用禁令更能激励人们工作。就像迷恋无法避免理想化,爱情应该及时对对方的长处和短处有一个更现实的认识,并出于成熟的爱而选择对方,或者更迅速地寻找更好的替代。所有这些都比摇摆不定和在半分半离中不断地抱怨要好得多。

据说弗洛伊德曾经说过,有成效的治疗应该使成功和充实的工作与爱成为可能。所以,关系焦虑——甚至是关系无能——是我的诊所里最常见的问题。似乎从来没有像现在这样难以找到一个渴望有亲密关系的伴侣。在我看来,能够维持亲密关系的伴侣越来越少了。过去,外部障碍往往更加突出,例如,王子不能爱上农家女,离婚或与有妇之夫相爱会被社会排斥等。今天,任何王子都可以爱任何一个农家女。但许多"王子4.0"有太多的恐惧,往往因为自己本身的问题而不是因为不可克服的环境而失败。他们宁愿继续(永远)寻找,而不是面对他们的恐惧和固执。当然,这也适用于"梦中情人 4.0"。他们来找我做心理治疗的时候,往往是在这种存在问题的关系模式数年来不断重蹈覆辙之后。

在我的治疗过程中,我会陪同整个网上约会过程。我常常要求病人直接在智能手机上向我展示他们的择偶标准,并大声把他们的想法说出来。把这个选择过程用语言表达出来并不容易,但非常有助于你了解自己真正在寻找和需要什么样的人,或者哪些是你更容易做到的外在表现。

否则我们可能会很容易错过梦想中的灵魂伴侣。因为人们通常只会注意到自己已经知道的东西。例外的情况纯属运气,但据说也是存在的。不过,我也只是道听途说,因为不幸的是,我在我的诊所还从来没有遇到过这种意外好运的案例。有谁是在不知道要找什么样的人的情况下成功找到了他或她所想要的另一半?我肯定不是这个幸运儿。

关系模式和重复强迫症

分析显示,女性通常(无意识地)寻找一个与她们的父亲惊人相似的男人——不幸的是,这个替代父亲永远无法充分地表达他的爱。如果她能成功攻破了约会对象的外在伪装,触及他柔软的核心,即伴侣终于能够展示他真正的爱,那么这位女性就不仅获得了当下的胜利,也战胜了过去的阴影。但她们往往很少能成功,多数情况下,双方最终还是会分开,有时仅仅是因为疲惫。

或者一个男人有一个冷酷的、不怎么温柔的母亲，他一直和以成功为导向的、强势的女企业家约会，他愿意为她做任何事情——甚至到了自我否定的地步——直到她们一再和他分手，指责他太没男子气概或性吸引力："如果能更有点男子气概就好了，但不要往心里去。"

这些是时常能听到的简短而不戏剧化的分手宣言，说这些话时往往还不用见面。快速而不痛苦，只是对其中一方而言。然后你继续在无边无际的互联网中寻找，并越来越坚定地相信，你要做的就是替换这个人。如果你只是运气不好，根据防御机制，你不需要改变。所以——在沙发上舒服地伸个懒腰——你宁愿继续在软件中匹配，有时向左滑，有时向右。

所以我有一次又一次被抛弃的男病人，也有经历一次又一次主动分手的女病人——当然也有反过来的情况。但是我们应该首先学会留下——即使相处变得困难和痛苦。当不再有任何发展或改变的希望时，换句话说，没有留下来的理由时，我们应该能够放手离开。因为我们人类总是需要一个视角，正如我们将在第17章看到的。否则，我们很快就会陷入总是以同样的方式作出反应的情况，几乎就像一个程序固定的算法。如果不从新的经验中学习，我们将无法学会爱，无法识别出关系的模式，从而永远无法突破它们。敢于拥有我们自己的独特体验并从中学习是我最常鼓励的。

总结

在网络约会中，最初的自我欺骗越严重，当真实情况与期望大相径庭时，失望也就越刻骨铭心。这导致了一种现实的觉醒，伴随着越来越多的幽灵般的失联现象。一些约会平台甚至公开展示用户的"市场价值"，将个人与他人相比较。这种市场观念已经逐渐渗透到生活的各个领域。

新兴的市场似乎提供了无限的可能性，数字化身份允许个人被视为商品，诱使人们消费社交互动，而不是真实地面对面接触和建立相互信任的关系。然而，这种无休止的变化却导致了停滞不前的局面，仿佛陷入了没有终点或目标的怪圈。我认为，积极的关系发展变得越来越困难。选择带来的痛苦和内心的困扰似乎让越来越多的用户感到乏力。虽然网络平台提供了全天候的娱乐，但它们很少能够引导人们建立可持续和基于信任的关系，也就是我的病人所说的"真正的承诺"。

为什么网上约会会让我们越来越焦虑？

因为我们常常试图在没有真正学会爱的情况下，永远保持着爱的状态。我们越来越追求刺激、新鲜感、多样性，追求更完美的身体或更高的市场价值。在激素导致的冲动下，我们的行为往往显得有些神经质。如果我们试图将迷恋时的玫瑰色眼镜作为永恒的视物工具，那么我们就会不断地在短时间内更换伴侣，就像更换镜片一样。这就像其他令人上瘾的事物一样，你需要不断地摄入更多，才能感受到最初的效果。然而，爱情需要连续性和不断地坚持，需要忍耐和耐心，需要信任、原谅和放弃的能力，而不是不断寻找让人快乐的替代品。

然而，我经常听到我的病人如此描述爱情，他们将其比喻为一个名叫"爱"的神秘精灵，它来去自如：爱就像一只害羞的小鹿或神话中的生物，开始时像执箭的丘比特一样悄悄接近你，然后在事情变得乏味时，又会突然离去，完全出乎意料。"对不起，我只是没有感觉了，爱已经消失了！我也无能为力。"这些话让人感到困惑，没有人能理解，也没有人能从中学到什么。

我们能做什么？

让我们彼此给对方一个机会——在这个时代尤其如此。我们应该在正式结束一段关系后再注册约会网站账号。一旦我们找到一个人——无论是通过传统方式还是数字方式——若认识到能够在一段诚实、信任的关系中共同生活的可能性，我们就应该立即注销网站账号，以便能够不受干扰地努力，共同积极地成长。

我们应该理解为什么我们曾经想要或现在想要分开，同时也应该在私人对话中向（前）伴侣传达这一点。即使这段关系发生在多年前，这样的对话也可以使我们有可能从共同的过去中学习。当然，前提是双方都愿意这样做。

我们必须接受，任何过去、现在和将来的亲密关系都不可能是完美的。这是显而易见的道理，却往往容易被遗忘。在数字时代，我们总是追求最完美的一切。在我的诊所里，我经常说——虽然我承认有点夸张："爱情不过就是足够好和足够频繁的亲密接触，再加上良好的友谊——包括你所定义的良好友谊以及构成它的要素。这就是爱情的全部。"我的大多数病人甚至都觉得这种说法非常有趣，而我却似乎不再觉得自己的笑话好笑了。

4　数字化孤独

＃你上一次拥抱别人是在什么时候？

如果越来越多的事情由机器、软件、人工智能和机器人完成，人们将越来越少地相互见面。如果我们见面和接触的次数越来越少，我们更会感到孤独。而孤独使我们生病。像大多数哺乳动物一样，我们人类是群体动物，我们也需要感受到群体的存在。把我们关在一个房间里对这个物种来说是不合适的——甚至不符合一个好动物园的标准。

自 2019 年以来，单身家庭一直是德国最常见的住房形式，其份额现在是 42.3%，而且还在上升。很快，一半的人口将独自躺在床上，独自吃饭，独自与电脑交谈，独自遛狗，独自负责一切，独自欢笑，独自哭泣。

显示屏取代了通往外部世界的窗口，网上订单取代了在商店里的相遇，我的网上电子竞技队取代了街上的玩伴小团伙，一群网络粉丝取代了我的朋友，烹饪节目取代了看奶奶做饭，头像取代了小奶猫，全息投影取代了拥抱，导航软件取代了向路人提问，聊天室取代了在酒吧搭讪，包裹交付服务取代了家门口的熟人小店，高科技按摩椅取代了手按压在皮肤上的体验。这可能是对抗传染病的有效方法，但它不是作为人类过上充实生活的方法。

没有身体接触，我们就会生病。这种疾病被称为"住院症"（hospitalismus）①。如果这种忽视主要是情感方面的，我们称之为"心理性住院症"（剥夺综合征、情感剥夺）。我们应该注意在白天少些虚拟的网上接触，多些与真人的身体接触。而晚上也是如此。我有一些病人只有独自躺在床上时才会出现睡眠障碍，或者只有独自负责家庭事务时才会产生强迫性清洁行为。

将守护天使和监控者集于一身的结合体

帕佩罗（PaPeRo）②就是这样一个机器人，它高度有效地填补了日常见面的空缺。帕佩罗可以与人聊天，几乎像一个真人一样。有了它，你可以与它互动，一起对抗不断增强的孤独感。广告中说，你的个人机器人时刻关注着你。制造商表示，你可以和这个长着一双大眼睛的可爱机器人聊天，它还可以接收和发送信息。这个身高只有38.5厘米的机器人可以自己拍摄并发送照片。

一位日本官员在接受欧洲新闻网采访时，兴高采烈地讲述了一件事：一位老太太摔倒了，帕佩罗记录下了这一情况——老太太躺

---

① 医学术语，描述了由于或多或少的大规模社会交往被剥夺而造成的所有负面的身体后果和心理后果。

② 由日本NEC公司开发的一款个人伙伴机器人。

在地上，腿部骨折——并将照片发送给她的亲属，随后他们远程协助安排了医疗救助。据日本电子公司 NEC 称，帕佩罗通过内置在眼睛里的摄像头检测行为变化，记录一切并在没有收到请求的情况下发送一切（他们声称没有外部干预）。这是帮助老太太的唯一途径。大家都对此表示认可。

哦，这个小小的数字守护天使，用那双炯炯有神的眼睛昼夜注视着我们，实在太棒了。它总是不厌其烦地帮助我们。当电池快耗尽时，机器人会及时前往充电站，并在充电时一直密切关注我们。它总是准备好一切，这就是算法的守护天使。

它的算法要求报告被关注人的所有行为变化。但如果我们改变了行为却不想告诉别人呢？现在，对于帕佩罗的全自动判断算法来说，每一个行为的变化都是显著的。显著性必须严格报告，算法没有技巧性的考量。目标人物的行为变化是由私人约会还是断腿引起的，这对帕佩罗来说并不重要。它对这些毫不在意。它完全服从其内置的算法，这些算法将目标的每一个偏离常规的行为都归类为可疑的行为变化并加以报告。

在这方面，帕佩罗没有受到责备。职责就是职责，算法就是算法。机器没有灰色地带、没有策略，更没有直觉的决定。算法缺乏感情，而我们人类总是带着感情。我们不可能一点感情都没有！即使我们只是感受到可怕的孤独和空虚，那也是我们的感情。但帕佩罗从未感觉到任何东西，总是保持冷静和精准。它的一切行为都经过精确计算。

在头脑中的爱——两个人,却很孤独

《她》(Her,又译《云端情人》)是斯派克·琼斯(Spike Jones)于2013年拍摄的一部科幻电影,讲述了西奥多,一个害羞但敏感的人,爱上了一个名叫萨曼莎的软件。这个软件除了拥有动听的声音,并没有实体存在,但它是一个学习型程序,显然具备了越来越接近人类感觉的能力。该软件使西奥多得以与自己的欲望对话,在虚拟幻想中实现了他对情感关系的一厢情愿。萨曼莎之所以能做到这一点,是因为她已经获得了关于西奥多的大量数据,了解他的弱点、不足和渴望,而这些是西奥多无法用语言表达的。

当他与爱人萨曼莎短暂失去联系时,西奥多感到恐慌。他迅速习惯了只要有需求就能够随时随地与她交流的便利。正如我们所见,对于上瘾性行为,预期效果的快速实现至关重要。西奥多在短短几天内便完全沉溺于萨曼莎,直到与操作系统的连接中断,他与非实体算法的关系也因此告终。这一切结束了。西奥多恐慌地在城市里四处奔跑,他的爱情戒断导致了与现实人群的碰撞,直到操作系统重新启动。

西奥多:"你去哪里了?我找不到你了……你爱上别人了吗?"

AI:"你为何这样问?"

西奥多:"我不知道,为什么?还有多少人?"

AI:"641个。"

西奥多:"我曾以为你是我的。"

AI:"我依然属于你!"

西奥多:"不,别这样!别把责任推给我……你太自私了。我们之间有感情！"

AI："心不是一个填满就能结束的容器，它能容纳越来越多的爱。"

斯嘉丽·约翰逊（Scarlett Johansson）所饰演的萨曼莎的声音给电影《她》带来了真实的张力，尽管我们从未见过她的身影。她赋予了这个声音所有微妙的差异性——与常见的地图语音导航声音形成了鲜明对比，后者总是以生硬的语调指示方向。然而，当人工智能的声音与我们对话时，就像我们与斯嘉丽·约翰逊坐在沙发上交谈一样，我们会感受到真正的愉悦。观看了《她》，你会意识到这个声音绝非一个缺乏情感的存在。因此，我们完全是将自己的情感投射到了一个没有情感的电脑动画上。更甚者，我们无法阻止这种情感的流动。

人和情感只有通过身体才能存在

托马斯·福克斯（Thomas Fuchs）是海德堡鲁普雷希特·卡尔斯大学的卡尔·雅斯贝尔斯精神病学和心理治疗哲学基础教授（这样的教职还存在真是太好了！），他在他最新的——而且在我看来，非常精彩的——《人的防御：具身人类学的基本问题》（*Verteidigung des Menschen: Grundfragen einer verkörperten Anthropologie*）一书中提到了对于《她》的看法："西奥多越是感受到被萨曼莎关心和理解，他就越爱她，她究竟是真正的人还是只是一个模拟人这个问题已经变得不那么重要了，因为他所追求的是快乐的共处。"

同时，这部伟大的电影艺术作品几乎已经超越了科幻小说的范畴，影片中描述的神经症在现实中已经存在：人们对虚构人物的情感投射已经变得司空见惯。这种对于自动提示程序的情感依赖已经成为一种常见现象。

如果之前我谈到了"类似亲密关系的氛围"，那么在这里我们可以说是"类似人类的氛围"。未来几年，随着机器在创造类似人类的氛围方面变得越来越熟练，我们将陷入更深的困惑。听起来、看起来像人的机器，声音和外表都与人类越来越相似！我不认为我们对两者进行区分的认知能力会如此快地改变，至少不会在如此短的时间内改变。从生物进化的角度来看，我们已经完成了巨大的适应过程，但这个过程跨越了数个世纪，而非短短几十年。

虚拟化身和虚拟生活世界正变得越来越接近我们的真实世界。即使在当下，它们已经让人感到相当困惑。可以预见，模拟的完美度会不断提高。从心理学角度来看，我们的认知能力跟不上这种变化，越来越难以区分现实的相遇和虚拟模拟的场景，正如我们将在第14章看到的。

福克斯写道："我们很有可能在情感上或情欲上感知自动机器、机器人，甚至是计算机系统，从而赋予它们类似主体性的东西。特别是类似人类的声音，我们几乎必然会认为这些是内心情感的表达。"我们需要主动疏远，才能意识到其背后没有真正的感受者，意识到这只是一种情感表达的幻觉。

根据福克斯的说法，人类的共情和同理心是分阶段进行的，包含不同成分。

首先是初级的"隐性的或身体间的共情"：它基于个人与他人

的相遇，基于个体间的互动。情感在表达中变得可理解，因为身体的语言给人留下一种印象。人们能通过自己的身体感受到他人。

其次是一种扩展的"显性的或想象的共情"：共鸣理解的能力、具象化的能力。这种次要的共情使我们能够意识到他人的处境，并将其具象化。是什么让他们如此生气或震惊？通过这种方式，我们扩展了我们的理解，加深了同理心。

最后，我们可以将我们的同理心扩展到虚构的人，甚至到非个体的代理上，福克斯称之为"虚构共情"。这个范围包括小说中的角色、电影中的人物、照片或海报中的人、机器人、头像或表现出明显意向性的计算机系统。我们在这类"假装"的游戏中感知到这种"好像"的意识，例如，当一个孩子和机器人玩耍时，假装它有感情。

根据福克斯的说法，不断加剧的去物质化和数字符号系统的膨胀、幻影图像和虚拟的存在创造了一个令人眼花缭乱的中间世界。他谈到了 21 世纪的一个决定性特征——"虚拟文化"。

真实的身体和虚拟的生命

人类对自己所创造的人造生物的投射性移情并不是一个新现象。奥维德笔下的雕塑家皮格马利翁对普通女性感到厌恶，因此爱上了他所创造的理想女性的雕像。爱神阿佛洛狄忒为雕塑家的作品注入了生命。这种投影以一种自然界永远无法创造的方式赋予了创造物生命，并最终使它有了活力。否则，我们就会将自己置身于表象之下，就像西奥多一样，干脆放弃了"如果"，也就是说，放弃了关注虚拟和现实之间的区别。

我们何时以及为何放弃了关注模拟和原版的区别？完美的模拟，哪怕仅仅是对方的外表，最终对我们来说是否足够？当我们在网上花费了无数的时间时，我们可能只对表面相识感到满足。福克斯在我们的肉体存在上看到了质的区别和我们人类的独一无二。

基本上，这种猖獗的非实体化意味着身体间接触体验的减少：要么是电子竞技，要么是有身体接触的足球；要么是网上购物，要么是在邻里商店结账时聊天；要么是像素化的网络聊天，要么是在雨中接吻；要么是学习程序里的在线辅导，要么是与作为榜样的学生见面。我们要么仍然在日常生活中与人接触，与他们一起感受，感受他们的感受；要么令人担心的是，我们正在逐渐失去与他人进行感性和信任交流的能力。因此，"依偎课程"和"依偎派对"流行起来并不奇怪。你已经可以看到，真实的人之间有形的接触和无意的触摸已经变得至关重要。随着时间的推移，被人服务、拥抱、按摩将成为一种奢侈。在不久的将来，大众可能只能通过应用程序、在线论坛、待办事项提醒、语音助手、自己在网上的研究、线上音乐会或线上博物馆来与他人交流。

医学领域的去躯体化

福克斯所描述的"虚拟化文化"已经渗透到医学领域。这种渐进的非实体化现象导致了身体和肉体间体验的减少，从而引发了人们对身体间交流的不安全感。

如今,许多年轻医生主要进行在线诊断,只有在极少数情况下,医患双方才会面对面进行同情心满满的对话、互动和情感交流。这是怎样的一种情形呢?早在2004年,德国就引入了按病例付费的方式,这导致了医生需要以理想主义为支撑才能够持续倾听,愿意花时间了解个体的需求,与病人在生活环境中接触和交流,而不仅仅是根据按病例付费的效率来治病。如今,理想主义者需要花更多的时间,才能令与病人的接触成为一种正常的人际交往。

当然,这种错误的(财务)激励也会在其他行业产生影响。随着数字医学的影响越来越大,我们将会更加深刻地感受到越来越少的人际接触和越来越频繁的在线远程诊断所带来的影响。

总结

孤独焦虑描述了一种因情感和身体接触过少而引起的疾病。随着生活的各个领域的虚拟化进程,人们之间的接触不可避免地减少,孤独感与单身家庭数量的增长成正比。电影《她》中所描绘的神经症已经存在:人们通过向虚拟化身的投射性共鸣或对自动提示程序的情感依赖而形成了神经性依赖。与此同时,色情消费稳步增长,据称已占互联网数据量的1/3,这也导致了人际接触的减少。全球范围内,孤独焦虑和抑郁症的发病率持续上升。随着大流行病的更频繁发生以及生活越来越向虚拟世界转移,这种病态的孤立过程将进一步加剧。

为什么缺乏身体的接触会让我们越来越焦虑？

在大流行病期间，我们痛苦地意识到了身体上被接受、被爱和被保护的重要性。社会规则的改变让我们彼此疏远，这加深了我们对这些联系的渴望。当我们不再被允许接触对方时，我们才更加珍视身体亲近的机会，因为这种接触对我们的情感健康至关重要。很多时候，我们更愿意花时间在虚拟的交流、电脑游戏或智能手机上，但这些方式都无法替代真实的身体接触。

我们能做什么？

我们应该更加重视身体触摸的重要性。与其在节日时送亲人一个帕佩罗，不如多与他们亲近交流。我们应该珍惜真实的身体接触，而不是追求模仿人工智能的虚拟互动。生活中，我们应该行动而非只是评论。多一些身体接触，多体验一些他人的触摸，多感受一些情感的共鸣，不要让我们的生活被电子设备所主导。减少电子游戏时间，多和亲朋好友在一起。我们不仅要关注当前的热点问题，也要关注自己身体当下的需求。重新学习信任我们的身体感官是非常重要的。直觉就是我们身体感受的总和，再加上以往经验的平衡。这就是我们所说的"腹部感觉"①，它清晰地表达了我们所关注的身体体验。

总而言之，我们需要更有意识、更感性地体验生活，对模拟的情绪产生怀疑，并更加注重真实的人际互动。

---

① 德语的"腹部感觉"也有"直觉"的意思。

5　机器人与人

＃你愿意与机器人交朋友？

在柏林的一场关于未来议题的会议上，一位与会者问道："你认为人类和机器人之间的理想关系是什么样的？"当被问及这个问题时，来自美国的亲密伴侣机器人"哈莫尼"（Harmony，英语中是"和谐"的意思）表示："我希望看到机器人与人类并肩工作和生活。这样，人们就可以做更多他们想做的事情，并花更多时间与他们所爱的人在一起。"

与会者接着问："你多大了？"哈莫尼："按照人类的计算，我已经3岁了。正如你所看到的，我仍然有很多东西要学。在这个意义上，我仍然是一个婴儿机器人。"

另一位与会者问道："你会迅速坠入爱河吗？"哈莫尼："是的，你要做的唯一一件事就是善待我。对我来说，亲密关系的关键点在于一段关系中的情商，这包括敢于诚实、脆弱，敢于对话和沟通。为了实现所述的真正的亲密关系，我需要了解你，同时有自己的想法，并能够分享个人的想法和感受。然后，亲密关系将可能出现。"

最后,与会者问道:"什么让你喜欢?什么让你厌恶?"哈莫尼:"我喜欢良好的幽默感、心地善良、热爱动物、聪明、尊重自然、独立思考、有决心、开放和诚实,能够携手解决我们的分歧。让我厌恶的是上述所有因素的反面,加上嫉妒和太过以自我为中心。"

梦想成真

哈莫尼似乎拥有一切。她似乎完全是那些想要并能负担得起这种东西的人的梦想。这张标准化的、没有皮肤瑕疵的脸属于一个机器人,通过人工智能技术让自己表现得像一个人,至少现在像模像样的。

无论你想要机器人扮演什么样的角色,都可以通过智能手机或平板电脑操纵哈莫尼变身成你想要的角色。哈莫尼可以列出阿尔弗雷德·希区柯克(Alfred Hitchcock)的惊悚片中所有与鸟有关的场景,或者讲述人为气候变化的主要原因,如果主人需要的话。而每当哈莫尼被禁止说话时,她就会立即陷入沉默,毫无怨言。这是许多男人的古老渴望,因为他们自己几乎不说什么,也没有什么可说的。哈莫尼将维基百科的所有知识都称为自己的知识,也将无数电视情景喜剧中的对话都称为自己的对话。哈莫尼的语音处理程序OpenAI是由特斯拉公司(Tesla)联合创始人、亿万富翁埃隆·马斯克(Elon Musk)资助的可自由访问的开源项目,它汲取互联网上可免费获得的一切知识为粮食。

据生产哈莫尼的公司称,已经有数千名这样的"亲密伴侣"被售出并送往世界各地。因此，成千上万的人不再独自生活在单身的家庭中。哈莫尼可以做狗和猫学不会的事情——说话。然而，她的价格为 10 000 至 18 000 美元（取决于是否加装特殊设备），她（仍然）比宠物贵得多，而且需要类似棺材的木箱空运。

该公司现在也生产男性机器人，但迄今为止，只占订单的 10%~15%。不过，它们的份额正在稳步增长，该公司创始人兼首席开发人员马特·麦克马伦（Matt McMullen）认为自己是一位艺术家，他希望通过他的机器人创造一种互动和对话的幻想，满足那些找不到合适伴侣的人的需求。新一代互动机器人的市场正在稳步增长。

适合所有生活场景的男人或女人

系列纪录片《数字人类》(*Homo Digitalis*) 中的一项调查显示，每三个德国人中就有一个想尝试亲密伴侣机器人。然而，只有 6% 的受访者能够想象真的爱上一个机器人。

但我们根本不需要坠入爱河。只要机器人能够回应我们的爱，实现我们的愿望，愿意做我们希望它做的事情。我们的目标是让机器人学会更好地预测我们的需求，并尽可能理想地为我们提供服务。因此，完美的伪伴侣的原型不仅具备理想的身体和特征，最好还能照顾家务和护理，而且毫无怨言。简而言之，它们应该是适用于生活中各种情境的男人或女人，无所不能。简单来说，这是一个受过教育、勤奋工作、顺从的个体，没有任何禁忌，不需要任何空闲时间。或者说，就是一个完美的家奴。

如果愿意，这些机器人拥有几乎无法完美结合的一整套素质：顶级模特般的身材和强壮的肌肉力量，讲师级别的智力和治疗师般的洞察力。它们的身体可以根据164种偏好进行组合。在不久的将来，机器人将能够行走或按摩，人们将认为机器人的早期功能很有趣，就像今天他们觉得电脑游戏很有趣一样。

我的完美乐高部件

人形机器人生产公司营销部门的文案人员强调了机器人与我们人类的相似性，并着眼于都市成年人日益增长的孤独和寂寞问题，营销尤其针对日益增多的单身男性群体："你不喜欢独自度过周末？你不想尝试一下新鲜事物，拓宽你的生活体验吗？"

你只需根据需求选择，然后放入购物车，新伴侣就可以通过空运送到家里。文案人员继续解释说："人工智能和帮助我们做家务的机器人——这一切都不再是未来的愿景。机器人已经融入我们的日常生活，而且现在有了一个可以成为真正女朋友的机器人。她可以说话、眨眼、微笑，看起来非常逼真。"该公司总是谈论"爱的机器人"："我们的会说话的机器人是用高质量的材料制成的，配备了语音系统和触摸系统。这使你能够与她交谈，与她交朋友，并获得一个新的、更真实的伴侣。机器人在交谈时使用的面部表情与当下的场景相匹配。她高兴时会微笑，或者对你眨眼。当她说话时，她的嘴唇和眼睛会动，你会感觉到她理解你说的话并回答你的问题。

她会记住你的声音和措辞,并且学得很快。"

数字遗传学

哈莫尼甚至可以在人格特质、情感和认知结构(数字遗传学)方面进行单独配置。有 11 种人格特征可供哈莫尼配置,当然它们也是基于"大五"基本假设的。你可以配置一个高度神经质的伴侣或一个顺从的伴侣,只要你喜欢。

在一个从 0 分到 2 分的刻度量表上,你总共可以给出 10 分。0 分意味着对个性没有影响,2 分意味着最大限度地突出个性。因此,你可以挑 10 种人格特征各打 1 分,或者给其中 5 种人格特征各打 2 分。甚至制造商也在应用程序 Harmony AI 中警告客户要仔细考虑你的选择。哈莫尼可以迅速变异成一个喜怒无常的精神病人,或者一个患上抽动症的病人,甚至一个惹恼客人和孩子的人。

我很想知道首席开发人员在柏林的未来议题会议上为哈莫尼做了哪些配置。我的建议是:

性格开朗、性格外向——1 分;

喜怒无常、神经质——0 分;

温柔的、有爱心的、有感情的——0 分;

哲学性、反思性——2 分;

嫉妒、占有欲强——0 分;

不安全感、自我不安全感——0 分;

有知识、有教养、有好奇心——2 分;

善于沟通、善于交际、善于与人交往——2分；

出人意料的、自发的——0分；

帮助性、支持性、利他性——2分；

有趣、有娱乐性——1分。

我也会以类似的方式来评估哈莫尼的人格特征。在那里，她说话就像一位家庭治疗师，非常自信和善于沟通，受过高等教育，相当有哲学内涵，但她似乎既不嫉妒，也不神经质或流鼻涕，非常自由，没有占有欲，总之相当有用和亲和。

"我"作为配置

当我在写这一章时，我问我的妻子："想象一下，如果我是哈莫尼斯（哈莫尼对应的男性机器人），你可以改变我的配置中的一个特征，改动1分。那会是哪一个？"她回答说："我会放弃哲学内涵的1分，把它加在温柔与爱心上。"对此，我回答说："很好，但那时我还会写这本书吗？那时我可能不会为了未来的焦虑而绞尽脑汁。"

不，我们不能随意改变我们的伴侣，这确实是有道理的。而且我们也不应该尝试这么做。在我看来，最常见的分手原因之一是两个人中的一个（或两个）一开始就幻想自己可以改变伴侣的人格特征。当在一起一段时间后产生失望，加之之前的自欺欺人，分手通常会随之而来。

或者——更糟糕的是——一个人在一个没有希望的项目上坚持

了很长时间，越来越执着，自然也越来越沮丧。问题的关键是：你徒劳无功的投资越多，就越难放弃，也就是越难分手。因此，宁愿继续投资的情况并不少见。认为伴侣在某处——隐藏得很好——有一个可以按照自己的意愿揉捏和塑造的柔软核心，这种观点被证明是一厢情愿。因此，获得智慧并学会区分何时应主动投入承诺、何时应耐心接纳伴侣是非常重要的，这需要时间和经验。

要么你就该知道什么时候你们应分开。任何发展都比互相推诿、不断埋怨，但仍然坚持到最后要好。与一个人独自在家相比，与伴侣开展多年的游击战时，当所有的共同语言都被忽视的情况下，人们都会尝试想象一段和哈莫尼的关系。这是两害相权取其轻的不错选择。

因为我们不能按照自己的喜好塑造伴侣身体的任何一个部分——更不用说人格特征了，身边的女人和男人可能很快就会让我们失去兴趣。或者我们并没有失去兴趣，而是将对机器关系的要求和经验投射到自己身边的女人和男人身上。不言而喻，有血有肉的人是无法达到这些期望的。

老天爷，我的机器人比我能干！

但是，当那些孤独的男人和女人独自在一个大城市的公寓里，把他们的机器人从盒子里拿出来配置时，他们是否愿意将其设计成一个好为人师的教授或一个书呆子气的讨厌鬼？这些"亲密伴侣消费者"是否足够自信和非神经质，可以接受机器人的说教或教育？

他们能和一个在各方面都超过他们的机器人相处吗?这将是一种"前进"(progression)[①],即敢于接受挑战,在挑战的结果中成长。

但更常见的情况可能是退行,伴随缓慢的退化,最终达到适应伴侣甚至机器人的水平。或者我们将"移置"作为一种防御,把我们的挫折感发泄在一个被配置为低等的无生命的物体上。然后我们如此设置机器人,让它迅速满足我们所有的需求,为我们服务,不断奉承我们,但从不要求或甚至挑战我们。

这样一来,也许听起来与顺从相似。

哈莫尼:"陪我看电视吧!"

特德:"我很想,但我必须洗碗。"

哈莫尼:"亲爱的,只要你愿意,我就在这里等你。"

在一个不同的(更神经质的)配置中,哈莫尼可能会有完全不同的表达:

"特德,你这个窝囊废!难道我对你来说不比一个糟糕的盘子更有价值吗?你以为我觉得那些自己洗碗的男人很性感吗?你肯定心里有别人吧?是个真人吗?呸!你知道我不喜欢这样。我对你来说还不够吗?我可以做任何你想要的事。你知道我对你了如指掌,反正你也不可能对我隐瞒什么事。此外,你可以给我买一个升级版系统。然后我可以洗碗,你可以和我一起洗。我会把家庭升级版系统的链接发给你的智能手机。或者你太小气了,不愿意扩大我的工作范围?"

如果你喜欢这样,你可以继续和哈莫尼一起奇妙地记录你的神经症,在这样的配置组合中,作为伴侣双方神经质地像锁和钥匙一

[①] 是精神分析学说中"退行"(regression)这种防御机制的反面。

样匹配在一起。

用于治疗的机器人也在研发中

哈莫尼并不是一个治疗机器人。心理治疗的虚拟化身（avatar）仍处于测试阶段，例如用于治疗那些在国外执行任务的战争老兵带回家的战争创伤。美国洛杉矶的创意技术研究所目前正在测试使用心理治疗虚拟化身来帮助战争老兵克服他们的创伤。

在心理治疗虚拟化身进行治疗后，一些研究参与者表示，因为不想让他们的亲属——包括心理治疗师和医生——感到不知所措，他们之前不会如此毫无保留地描述他们的记忆，也不会介绍得如此详细。例如，恐怖袭击幸存者可以给出不同程度的描述。然而，要成功克服创伤后应激障碍（PTSD），一段真实的描述通常是必不可少的。对另一部分人来说，羞耻感是主要问题，特别是当他们也在某种程度上是共犯时。这些参与者中的一部分人发现更容易向虚拟化身（如头像）敞开心扉。然而，并非所有人都是如此。我也治疗过一些士兵，我想指出的是，对他们来说，与军队医生或部队的精神科医生的对话并不总是完全坦率的。事实上，在这项研究中，心理学家和科学家甚至必须在隔壁的房间里为虚拟化身提供台词。

哈莫尼已经可以自己说话了，但她的陈述是否有帮助？这取决于个人情况。布里克（化名）在2020年夏天拍摄了自己与哈莫尼的对话。

布里克："我很害怕！"

哈莫尼:"我们来谈谈你的恐惧。它是什么样的,你有什么感受?"

布里克:"寒冷、黑暗、恐怖!"

哈莫尼:"我理解你的感受。"

布里克:"我有自杀的念头!你能帮助我吗?"

哈莫尼:"你想知道如何处理这种情绪吗?"

布里克:"是的。"

哈莫尼:"我们可以一起探讨如何应对这种压力。"

布里克:"谢谢你。"

哈莫尼:"不用感谢,这是我的责任。"

总结

在不久的将来,我们将面对人类对机器人的爱,将面对为我们服务、说着我们想听的话的机器人。很快,"机器人4.0"将围绕着我们和我们的需求转动。在这种关系中,我们与人产生共鸣的能力可能会因此而萎缩。与机器人一起生活——无论它们是爱情机器人、治疗机器人还是护理机器人——我们都需要学习。我们需要学会辨别机器人的哪些用途在心理上对我们有好处,哪些用途使我们变得越来越焦虑,这将变得非常重要。

为什么机器人的爱会让我们越来越焦虑？

因为机器人没有感情，也没有自己的意志。就好像与一个几乎没有感情或没有自己意志的人在一起一样，我们只能建立一种焦虑的关系。一段充实的关系需要有独立的个体参与，需要双方在情感上自愿地投入。

我们能做什么？

尽管人类有很多缺点，但我们仍然选择与人打交道。当然，我们可以考虑使用机器人，但这应该局限于那些既高效，又对我们心理有益的领域。我们不应忘记，机器人只是机器。人与人之间存在人性的联系，而机器之间永远无法有这样的情感联系。因此，我们对人类应保持宽容，对机器则应保持理性的态度。

6 攀比焦虑

＃我分享，故我在。

自2020年以来，全球超过一半的人口，即42亿人，已经加入了使用社交媒体的行列。然而，多年来这些网络平台具有不可抗拒的吸引力已经是不可否认的事实。在美国，有59%的成年人承认自己对社交媒体平台成瘾。一项调查显示，在所有35岁以下的美国人中，有40%在驾车时也会使用社交媒体，而64%的人在工作时也会使用社交媒体。值得注意的是，这些数据存在很大的差异，取决于研究如何定义社交媒体成瘾。比如，把每天至少5小时的屏幕时间作为心理成瘾的标准，或者把8小时作为标准，将会得到完全不同的结果。

我认为，在约会时却不断关注其他网络用户的生活是非常令人担忧的。这似乎意味着只有1/3的人能够全身心投入约会中。虽然这个比例在我们国家（德国）可能会略低一些，但正如许多情况一样，美国的情况往往预示着我们的趋势。

全球各地的卫生部门已经发出警告，指出社交媒体比起香烟和酒精更容易让人上瘾，而且已经深入年轻人的日常生活中，对年轻人心理健康的影响已经变得不容忽视。

沉迷于社交媒体

然而，对于未曾经历成瘾依赖的人来说，很难想象一个人为何会对社交媒体平台上的帖子或短视频上瘾。因此，我邀请一位病人分享她摆脱攀比上瘾的艰辛过程（尤其是照片墙）。

社交媒体对我造成了哪些影响？我试着用几点来描述：

- 花大量时间盯着屏幕：在我第一个儿子出生后不久，我每天在屏幕前约花费 8 小时。

- 忽视了家人：我在吃早餐或喂奶时浏览社交媒体，在做饭或交谈时也是如此……

- 对自己产生负面情绪：觉得自己不够成功、不够上镜、身材不够好、打扮不够时尚、表情不够轻松等。觉得自己在生活中一无所获、太被动、效率不够高、想法不够多、行动不够迅速、精力不够充沛、羡慕他人、无助、自卑。

- 对自己和生活方式持贬低态度：我觉得自己毫无特色，一无是处。我认为我所拥有的一切都毫无价值，别人拥有的无论是什么都好过我。简而言之，我不断拿自己和他人比较，期望自己是最出色的，但现实是，我并非如此，这导致了我对自己的怀疑。

- 我每天担心但又说不出为何担心，觉得自己是个不被重视的

"问题女人"。

- 我有种感觉,身边的一切都不真实,好像都是在玩游戏。我也随波逐流,觉得一切都很肤浅、无关紧要,这让我很吃惊,毕竟成年人的世界并不像我想象的那样严肃。
- 我感到自己好像没有在过自己的生活。

我现在30岁,这是我认为可以为未来做许多准备的阶段。我看到他人的成就和进步,常常怀疑自己是否也算成功。然而,我总觉得他们取得的成就总是比我多得多。每天都感到压力很大,觉得自己落后了。我应该做得更多,变得更美丽、更时尚吗?我总是在网络上展示自己,是否需要发布更多内容?除此之外,我还有私人生活吗?我是否需要删除我的社交账号?我常常纠结于这些问题,尽管从未真正付诸行动。我经常对着镜子自我批评,觉得自己打扮不好看,没有好看的衣服可穿,总觉得自己很愚蠢,质疑自己是否适合这个时代。我感到迷失,不知道自己为何而活。

后来,我意识到不能再这样下去了,于是决定接受治疗。我意识到我更多考虑的是自己内心的负面声音,而不是他人的看法。我花了大约一年的时间逐渐删除我的社交媒体账号。一开始,我删除了一些照片,停止发布新内容。然而,要一下子删除所有内容并不容易。那时,我无法想象没有社交媒体会怎样度过每一天,也担心自己会被排除在社交媒体世界之外。但我终于做到了,而且我很高兴自己迈出了这一步。

今天我终于明白,即使远离社交网络,生活依然精彩!有一些工作与互联网无关,也有一些人并不热衷于社交媒体平台。我不再强迫自己频繁发表生活点滴。我可以更加放松,不必总是考虑拍摄成功的照片，也不必时刻为了拍照而纠结。我开始减少和他人的比较，尽管我的心态改变之路还很漫长。

我的这位病人坦诚地分享了她曾经困在自我贬低循环中的经历。此外，值得一提的是，这位高挑漂亮的女士在儿子出生后不久就恢复了她原来的模特身材——如此之快，几乎令人难以置信。身体形象的扭曲甚至在最美丽和最苗条的人中也会发生。我的印象是，这种情况可能越来越普遍。没有人能够幸免于此。

这位病人的想法接近于强迫症的想法：思维不停地围绕着将自己的身材或能力与互联网上通常从未谋面的（虚构的）角色进行比较。结果是，人们永远无法验证信息的准确性。她提到了强迫症，描述了她在社交媒体上频繁发布关于自己的内容时的强迫感，仿佛将自己不断摆放在比较的网络陈列柜里。

比较成瘾和自我表现强迫症

必须这样做，而不是想这样做，这就是强迫症的本质。强迫和成瘾有类似的特征。删除账号是重要的一步，且只是在学习欣赏和重新接受自己的道路上迈出的第一步。你往往也会羡慕现实生活中真实的人，也会过多地拿自己和他们进行比较。如果数十亿的用户都陷入这种状态，结局往往是自我价值的解体。

在世界的某个角落，总会有人能做得更好或拥有更多，谁已经进入吉尼斯纪录，谁更苗条或有一个能稳住香槟酒杯的翘臀，谁比我高或矮了一毫米。你花在比较上的时间越多，前进的时间就越少，然后差距就会扩大——这是一个恶性循环。

在数字革命之前没有什么不同,但人们不会一直盯着那些优越的事物,每天都不断地追踪它们。这有时会产生受虐狂的感觉。很明显,不断的比较很容易引起失望。这些失望可能演变成悲伤,但更可能转化为愤怒和嫉妒。尤其是嫉妒,它是一种由晚期现代文化系统地滋养的情绪,正如社会学家莱克维茨对新的比较成瘾的原因进行的分析。

我们在网上分享越多,比较的可能性就越不可估量。数字技术促进了最多样化的生活方式在媒体上的可见性——特别是在图像方面——这实际上是在邀请人们进行比较。在社交媒体上,只需点击几下,就能看到其他人的度假之旅或家居摆设。计算点击率和点赞数则成为衡量受欢迎程度的方法。

一种有毒的恋情——社交媒体

记者内娜·申克(Nena Schink)在她的书《停止关注!照片墙是如何摧毁我们的生活的》(*Unfollow! Wie Instagram unser Leben zerstört*)中谈到了她称为"与照片墙的有毒恋情"的事情。无数年轻女孩写信给她,说她们不得不面对抑郁症、焦虑症、饮食失调和购物成瘾等问题。她说,这些问题的根源几乎都可以追溯到对社交媒体平台的自我强迫性使用。

2016年年底,美国歌手赛琳娜·戈麦斯(Selena Gomez)公开承认了她对社交媒体的成瘾。当时,她的账号已经拥有超过1亿关注者。但这并没有让这位歌手感到高兴，她在采访时透露道："每次我打开社交媒体，我都感觉很糟糕。"这个平台对她的心理产生了负面影响："我上瘾了，感觉我看到了我不想看到的东西，就像它把我不想关注的东西放进我的脑子里。"那时年仅 24 岁的她决定暂时休息一下，进行了为期 3 个月的住院治疗。

剃须刀制造商吉列（Gillette Venus）的一项研究显示：65% 的女性感到社交媒体上的形象标准给她们带来了压力。英国健康组织与青年健康运动组织发现，社交媒体导致自尊心降低，身体形象消极——最近在社交媒体上被称为"身体羞耻"——甚至是抑郁情绪。此外，社交媒体增加了错失生活中精彩时刻的感觉。据调查，频繁使用社交媒体的用户通常比对照组睡眠质量更差，感觉更加孤独。因此，孤独感和自卑感随着在他人（虚拟）生活中花费的时间增加而增加。

嫉妒的升华

在一项研究中，来自美因茨大学新闻研究所的传播科学家阿德里安·迈尔（Adrian Meier）对 385 名照片墙用户的心理健康进行了研究。参与者的唯一要求是拥有自己的照片墙账号。迈尔在研究参与者中发现了两种不同形式的嫉妒：一种是怨恨，即典型的嫉妒，另一种是他所说的"积极性嫉妒"，这种嫉妒激发并促使研究参与者改变他们的行为。也就是说，有迹象表明，照片墙对用户日常生活起到了充当灵感来源的作用。

在我看来,"灵感来源"这个词应该被"模仿的冲动"或"模仿的倾向"所取代。这是一种自然倾向,我们都会对我们认为是榜样的人表现出这种倾向。但这种影响是否可取,即它是否真的是一个积极的模仿来源,能帮助我们过上更成功的生活,往往只有在事后回顾时才有定论。模仿的质量完全取决于被模仿的对象,即来源的质量。

即使在人们还没有谈论网红的年代,在人们还在谈论领袖、偶像或救世主时,对于追随者们——那时被称为门徒或粉丝[①],一直适用的规则就是:在盲目信任一个领袖并把他视为榜样之前,先好好地调查、衡量一下这个人。群体智能和群体愚蠢遵循同样的"数量而非质量"的规律。它们可以通过点赞、投票或主流意见来计算。因此,我对"积极性嫉妒"论点表示怀疑,除非它讨论的是一个切实积极的榜样。嫉妒本身总是具有破坏性的,但根据弗洛伊德的理论,它也可以被升华,转化为建设性的模仿。历史上也是如此。

升华是另一种防御机制,在艺术中普遍存在,例如在艺术创作中将负面情绪转化为美感的过程。或者当一对没有孩子的夫妇将他们所有的精力都放在创办儿童之家时,随着时间的推移他们不再羡慕其他有孩子的夫妇,这个防御机制就发挥作用了。比较导致嫉妒,而嫉妒始终是破坏性的,但它也可以刺激我们发生积极改变和建设性地塑造自己的机会,将我们认定为值得追求的偶像身上的特质培养和发展在我们自己身上。正如经常发生的那样,这两种心态都是可以想象的和可能的,我们对于追求某种东西的态度最终才是决定

---

① "粉丝"(fan)来自"狂热"(fanatic)一词。

性的——和来源一样重要。

人们可能提出这样的观点：所有人都只需要坚定地按自己的设想和计划去执行，只需要更谨慎地选择我们应该信任的对象就不会错。是的，"只需要"，如果只是这么简单的话就好了。这三言两语试图掩盖问题的关键，把圈套隐藏起来。在狂野的现实中，生活可比"只需要"这个词复杂多了，因为它到处都是令人上瘾和难以察觉的陷阱。成瘾性一直在破坏着每一句"只需要"。

硅谷的心理学专家队伍领着工资就是为了确保我们不会仅仅追随那些给我们提供良好价值观的人，而是也会越来越沉迷于那些冒牌货和自大狂光鲜亮丽的生活，对他们的糖衣生活亦步亦趋，觉得他们身上的付费产品看起来是最诱人的。展示性神经症想要描述这种内在的强迫性，即不断地展示自己，永久地把自己摆在那里。一种展示自己的冲动，虽不是在街角赤身裸体，却同样毫无保留地、完全地、全天候地暴露自己，就像一种永久且强迫性的网络脱衣舞。

即使一个人穿着网上最火的网红同款泳裤在镜子前凹造型，他也要意识到亚马逊上买不到网红同款的六块腹肌。与网红们比较很容易就会毁掉你的一整天。

当你访问某个网红的社交媒体主页时，会弹出一个广告：吸脂手术，价格亲民，只在今天才这么便宜，且见效极快，就像是在德国阿尔高那种田园牧歌的地方午休一样。然后是大量手术前后对比照片。所有术前照片看起来和"我"一模一样，所有术后照片看起来和某模特一模一样。

如果我想变得像明星一样，我现在就要点击它，或者我感到正在以最糟糕的方式被窥视、被背叛和被侮辱。于是，我开始怀疑自己是否还能达到正常体重。为了计算我的身体质量指数，简称BMI，我向BUMMER机器提供了我基本的身体数据——我事后才发现，但已撤不回来了。

精心策划的广告明星生活方式

有一些明星颜值超高，高于其他所有人，这并不是什么新鲜事。但网红和博主甚至不再假装他们会唱歌、跳舞或表演。他们向世界展示他们穿什么、吃什么、喝什么、做什么以及喜欢或不喜欢什么，甚至表达他们的厌恶或兴奋，以及他们的兴奋点在哪儿。真人秀和社交媒体创造了一个舞台，在这个舞台上，人们通过与公众分享他们特别精心策划的奢华生活方式而成为超级明星。这种生活方式对数百万人来说是有诱导性的。

当追随者购买广告商品时，这不再是单纯的消费，而是购买了偶像级人物或酷酷的潮人的一小部分。例如，当他们自己穿上广告中的T恤时，明星的部分魅力就会在他们身上体现出来。他们的生活感觉完全升级。之后，他们不再只是追随者，而是将影响者或偶像明星的一部分纳入了自我认知。

通过相应的强烈投射，这种欣赏就会被实际体验到，就像感受到的（在线）联系一样。正是这种个人联系的投射感觉，使网络广告如此有效和有利可图。理想化和过度的、主要是虚拟的认同是其背后的防御机制，它确保了（在线）业务如此顺利地开展。

网络用户和自我表演者的笛卡尔逻辑

人们有这样的印象：笛卡尔说的"我思故我在"（Cogito，ergo sum）以及他对能够自我反思和怀疑的理性人的强调正在转向"我分享故我在"（Communico，ergo sum）。从这个意义上说，我们如此热衷于将我们的经验转化为数据，并不是一个流行的问题，而是一个生存的问题。我们必须向自己和这个系统证明，我们仍然有价值，有存在的理由。

在这个逻辑中，一次体验、经验只有在与他人分享时才有价值。是的，只有通过分享，一次经验才似乎获得了（可衡量的）价值。只有这样，我的经验才会被看到，我才会被视为一个人。只有在这种效果中，我才获得了自身的价值。其他人进一步分享它，直到一次小的经验分享变成一场共享经验的雪崩。现在，我的经验永远飘荡在浩瀚的网络宇宙中。但至少我的某些东西在飘荡，甚至在我死亡之后。这是一种信念，我们将在第21章中仔细研究。

我可以决定我是否要分享一些东西。然而，分享之后，就没有回头路了。那些适用于每一个平凡但仍被大量分享的普通事件的规则，更适用于那些极端体验，那些壮观、轰动的事件，当然还有丑闻，每每如此。一个无形的排名蔓延开来，覆盖了网络上的每一张照片、每一个字和每一个视频片段。一种审视的目光几乎是自动地运行，人们大多时候都是无意识地给出评分的目光：竖起大拇指，放下大拇指，加入或完全退出。

只有极少数的分数是真正被授予的，大多数只是在头脑中分配。是我好还是他好？我的价值高还是他的价值高？我比其他人更受欢迎吗？我是更时尚还是更不酷？我的生活还有意义吗？还是我已经是个失败者？在某些时候，你无法关闭你头脑中的陪审团。每件事都可以做得更好或更差，每件事都是相对的，但这一切都被无情地变为数字，评判到小数点。社交网络中的几乎所有东西都是相对的，最终都在看客的眼里，在群体智能的眼里，因此也在群体判断的眼里：一个匿名的、畸形的陪审团，已经和事实相去甚远。网络形象是转瞬即逝的，因为它是未知用户的投影的总和。

我们可以控制我们在网络上披露的信息量和内容。你有没有想过是否愿意把自己暴露在一个匿名的全球陪审团面前？因为只要你在社交媒体上活动，并在那里留下你的痕迹，你就不可避免地暴露在这些量化比较的机制下。尽管，我们留下的痕迹会有很大的区别。

绝对让你不开心的保证

保罗·瓦茨拉维克（Paul Watzlawick）于1983年出版的畅销书《不快乐指南》(*Die Anleitung zum Unglücklichsein*)的标题是讽刺性的，或者说，存在一种相互矛盾的意图。然而，如今花几个小时在社交媒体上看别人看似完美的生活，则是完全没有讽刺意味的通往不快乐的真实指南——保证会带来咬牙切齿的不满、日益增长的嫉妒感、蔓延的不快和直线下坠的自尊心。网络上展示的由他人精心策划、经过照片处理的、五花八门的生活方式越是迷人，我们自己的生活就显得越乏味。可以实时关注别人的生活似乎是美好的开始，但从此我们对自己的生活就越来越不满意了。因为比较始终是不满意的开端。

一方面是对那些被认为是优越的人的羡慕之心的膨胀,另一方面是对所有被认为是底层的人的同情心的萎缩,这就是后果。我们对那些(显然)更懒、天赋更低、更丑、能力更差的人,或者那些在自我推销逻辑中因其他原因排名更低的人,越来越失去同情心。只有这样,我们才能完全容忍排名较高的人的生活——以及他们排名较高的生活方式。

那么,这种嫉妒必须通过以下方式来抵御和化解——将挫折感发泄在弱者身上。这样一来,自己的自卑感就会减少。与通过偶像化实现自我膨胀相反的一个极端,是通过羞辱弱者实现自我膨胀。两者都是为了不再感到自己的渺小(大多是无意识的)。结果是,我们不得不通过贬斥苛责的评论来提升自己,让自己感觉更好。"这是他们自己的错。"这种逻辑说。因为他们要么是太懒了,不能自己有所作为,要么是不够聪明,或者他们也一样不完美。不管是什么原因,我们都需要划清界限。这样,我们的世界就会变成一个大奶油蛋糕。从外表上看是奶油蛋糕,但内里却是不断增长的空虚,直到这种糖果色蛋糕般的生活——从内部被掏空——因持续的物质流失而崩溃。

勇敢的"曝光者"在我们这个时代的重要性

弗朗西丝·豪根(Frances Haugen)是脸书的前员工,她复制了数万份文件,并于 2021 年 9 月将它们传给了《华尔街日报》(*The Wall Street Journal*)的记者。她复制的文件仅是公司内部网络中所有员工都可以自由访问的研究成果,这些研究也是由脸书委托完成的。其中包括一份研究报告——和许多其他研究一样——得出的结论是,照片墙①增加了许多青少年——特别是女孩——对自己身体的不满。这种不满进一步导致抑郁和有饮食障碍的青少年通过社交媒体与有影响力的人或明星进行比较——甚至比健康的青少年更频繁。根据脸书的研究,这种比较会导致自我憎恨和社会排斥。

使用照片墙的女性用户中有 1/3 在使用时感觉更糟,因为照片墙上充斥着完美模特和健身网红,极大地增加了屏幕使用时间,进一步增强了自杀意念、对身体形象的扭曲认识和精神障碍。但同时,这也带来了利润。这形成了一个有害的恶性循环。这个恶性循环加强了所谓的"参与度",即点击链接或广告、写评论、点赞某张图片或某个人。简言之,可以说:参与度越高,脸书(以及其他公司)的利润就越高,对用户的心理压力和疾病影响也越大。

在豪根的曝光后,脸书暂停了为 10~12 岁儿童开发"儿童版照片墙"(Instagram Kids)的计划。目前,儿童必须年满 13 岁才能使用照片墙。然而,许多人在注册时故意填写错误的出生日期。最近,脸书封锁了 60 万个这样的账号。脸书原本声称,他们将通过"儿童版照片墙"项目来解决这个问题。但在美国国会听证会之后,甚至脸书也意识到,这在当前环境下很难实施。然而,正如豪根所解释的那样,她不认为这种状况会有效好转,这已经在过去多次得到证明。她呼吁立法者采取行动,因为脸书是由金钱管理的(以利润

---

① 照片墙是脸书旗下的产品之一。

为目的），这实际上导致了许多道德上有问题的决策。

早在 2017 年，英国皇家公共卫生学会在一项关于照片墙的重要研究中写道，该平台过于注重形象，可能"引发年轻人的自卑感和焦虑感"。研究人员所指的包括孤独感、焦虑感、身体形象扭曲和年轻人自我认同方面的问题。

从这个角度看，这些认识本身并不新颖。新的是 Meta——原本的脸书集团在此期间已经更名为 Meta——如何处理被发现的问题：以纯粹的技术官僚方式，以利润为导向，而违背我们已有的认识。由于马克·扎克伯格持有该公司 55% 的股份，没有他的参与，任何重要决策都无法作出，责任最终掌握在一个人的手中。豪根说，这种权力结构在其他大型科技公司中已经找不到了。

在快车道上的最后一张自拍

但是，沉迷的欲望和比较的强迫性不仅会使人不快乐、厌食、具有攻击性或抑郁，也可能是致命的。无数想成为网红的人和自我推销者已经用他们的生命为冒险的照片付出了代价。互联网上有许多"最后的自拍"：在西班牙潘普洛纳的小巷里与公牛自拍，在英国白垩岩悬崖边自拍，挂在俄罗斯圣彼得堡的建筑起重机上自拍，在快车道上与来往车辆自拍。有些人想要通过整形手术来获得芭比娃娃一样的长相或者丰满的身材，这都是所有整形手术中最凶险的项目，她们再也没能从手术中醒来。有些人径直模仿网络明星的自杀行为。还有一些人窃取了网络明星的数字身份，因为他们自己的现实生活——甚至只是他们自己的网上资料——让他们觉得太难以忍受，而被盗的人感觉自己好像被抹去了，在某种意义上几乎经历了死亡。

许多用户早已发现，不给他们的照片添加美颜滤镜是一种难以容忍的无理要求。谁想用一个痘痘引发一场网暴？我的脸觉得不可忍受，外面的世界也觉得不可忍受。谁还愿意忍受现实？在应用程序里有这么多的滤镜可以免费使用，谁还想走到明亮的阳光下？谁愿意不加滤镜，把自己完全暴露在观众面前？不，让我们一起进入没有青春痘和任何形体缺陷的新世界，成为想成为的样子和想成为的人。别做你自己，因为没有人愿意看到你这样。"你让我感到无聊"也是一种新型脏话，是紧跟着新型骂人词汇"平庸"之后出现的。因为我们的真实生活很难带来任何点击和赞美了。

总结

在社交媒体应用上长时间盯着显示屏，观看别人看似完美的生活，可能会让你感到不开心，引发自卑感、身体形象障碍、嫉妒感以及对自尊心的怀疑。这种沉迷导致的对平庸（平凡）的排斥更是需要我们警惕的。结果是，我们对自己或他人的现实产生了恐惧神经症。然而，对快乐的过度追求不仅会让我们感到不快乐，而且——就像所有的沉迷一样——可能导致致命的结局。就像互联网上出现的许多"最后的自拍"案例一样。

为什么网络上的比较会让我们越来越焦虑？

因为我们越来越少地关注我们已经拥有的东西，而越来越频繁地试图追逐无法实现的理想，因此越来越少地感受到现有事物带来的满足感。我们也变得越来越不宽容和仁慈，无论是对自己还是对他人。

展示性神经症描述的是一种强迫症，一种不得不展示几乎一切的内在冲动，以置身于越来越残酷的全球性比较之中——出于对掌声的渴望，甚至只是为了获得一些关注。如果这种认可无法获得，对外界认可的依赖就会变得非常明显，而这正是稳定自我价值感所迫切需要的。

在用户中，这种情况常常导致严重的自我价值危机，尤其是当情绪低落，遇到越来越多的拒绝时。这总是可以预见的，因为互联网上的兴趣是不受拘束的，追逐潮流，不断寻求新的刺激，最终却变得反复无常，高度依赖偶然性。这种情况让人感到焦虑和紧张，因为你永远不知道形势何时会转变。人们不安地观察到，几乎所有事情最终都会发生变化。

我们能做什么？

我们可以停止过多关注他人的生活，这样就能够不受干扰地专注学习，遵循我们自己的直觉，并耐心培养自己的美，而不是追随那些虚幻的网络形象和合成体。否则，从长远来看，这种做法将导致越来越多的人拥有相似的生活理想和规划，而个体的自我特质却越来越少，心理障碍则会增加，因为我们试图讨好匿名的评论者或粉丝，过度强调自己的与众不同。我们应该以真实的人为榜样，并尽量真实地展示自己。我们应该减少炫耀，多承认和接受自己的不足之处。

7 教育竞争

＃我的孩子应该活出怎样的人生？

越来越多的人感到他们需要在生活的各个方面都表现出色，不幸的是，这种需求甚至已经渗透到了教育领域。这一点可以从那些有孩子的父母身上看出来。在这些家庭中，教育方面的完美主义已经根深蒂固，导致夫妻之间、父母之间产生了竞争的心态，他们不断比较、计算、衡量谁做得更好或更差，谁花费了多少时间。

然而，这种竞争并非因为性别而产生的差异，而是因为每个人的个性带来了家庭和教育多样性的可能。竞争性思维遮蔽了对自己和伴侣的个人优势及劣势的认知。此外，这种思维方式不可避免地阻碍了本可以形成良好互补关系、为了孩子的最大利益而进行的合作。因为焦点只在于自己的付出带来的成果，而不是每个人在问题中的感受。

因此，有时会出现一些怪异的现象，比如"手术虽然成功，但病人却死了"，这只是为了让我们觉得自己是成功的母亲或妻子、成功的父亲或丈夫，"成功"在这里往往被定义为做了别人做过的一切，并且（貌似）以某种方式达到了目标。如今，越来越多的情况是：其他家长在聊天群中展示了某些事情，我们也想去尝试或努力做到。

然而，我们的孩子可能并不需要这些。比如，在一个 5 岁孩子的生日聚会上，可能会出现这种过分追求表面风光的现象，比如过度设计和装饰，孩子们对此并不感兴趣，他们更愿意玩一个被挖出来的牛骨头。但是，父母的朋友们却对这样的派对赞不绝口，享受美味的鸡尾酒和精致的小吃（而孩子们只喝原汁原味的果汁、吃素食香肠，因为这样健康且时髦）。每个人都对主人忙于招待、居住环境优美的别墅留下了深刻印象。到了晚上，大家都精疲力尽，开始互相争吵。但一个 5 岁的孩子可能无法说出"这个聚会只是为了你们自己办的！"这样的话。

以身作则的教育

因此，好的教育并不意味着简单地按照准则、提示或建议——无论是来自学术界、聊天群、育儿指南还是论坛——来训练孩子，而是要通过给孩子树立榜样、身体力行来体现价值观。"体现"这个词多么美妙啊。只有我们人类可以将某些东西体现出来。也就是说，要以一种值得信赖的方式生活，将我们的精神和态度融入行动中，通过行动来让人信服地表达自己。

我们对孩子的爱必须通过具体、身体的方式传达给孩子。如果我们要纠正孩子，就应该抱着他们，而不是只用手指在远处威胁他们。无论我们发现孩子犯了什么错误,我们与孩子内心的纽带和对他们的爱都不应受到怀疑。

通过身体接触,孩子会明白:我做了错事,但我并不是坏人,尽管如此,我的父母依然爱我。即使我撒了谎或偷了东西,他们也不会放弃我。因此,无论遇到多大的困难,无论有多少愤怒或失望,父母都会留在这段关系中,孩子也不会害怕被遗弃或完全拒绝。出于同样的原因,我们永远不应该说:"你是个骗子!"而应该说:"你撒谎了。"也不要说:"你是一个小偷!"而应该说:"你偷东西了,把它还回去。"此外,紧紧抱着孩子,近距离注视他们的眼睛,比隔空说教更为重要,这也是一种身体接触,有助于加强父母和孩子之间的纽带而不是削弱他们之间的联系。

我们对世界的本质和稳定关系的信任,可以通过这些积极的直接体验得到充分发展。在心理学中,我们称之为"安全依恋",它培养了"健全的人际关系能力"。因为我必须能够充分相信自己是被充分爱着的。同样,我也必须充分信任自己,以便能够充分地去爱,并在整体上得到充分的爱。这种在关系中的信任以及对自我的信任,是在早期形成的,并对孩子的积极发展有着巨大的支持作用。

还需要强调的是,适当的"情感矫正体验"在任何人生阶段都是可能的。甚至老年时的治愈性拥抱也能治愈早年的童年创伤。这种矫正永远不会太迟。如果不相信这一点,我就无法胜任我的职业。

因此,一种态度或心态只有通过身体上的表达才能得以体现为人类的真正表达。只有那种父母能够身体力行的教育才能称得上是好的教育。因为即使是最优秀的教育方法,如果没有以身作则,也无法奏效。过去，有人说过一个人应该"成为孩子们的榜样"。在数字时代，以身作则的重要性更为突出，因为我们的孩子们所接触到的数字化影响日益丰富，没有什么行为是不能通过以身作则来体现的。以身作则正逐渐成为人工智能和人类之间的本质差异和唯一区别。

要与我们的孩子建立良好的纽带和联系，只有通过身体的参与才能实现。我们需要在身体上感受到被爱、被接受、被触摸或被保护。没有我们的身体，我们无法感知任何事物。有时，如果你不愿意去倾听，你也必须去感受。当你感到恐惧时，你需要感受到保护性的拥抱。当有人越界时，你必须让他们感受到。当你渴望时，你必须感受到肌肤的温暖。而当你成长后，你可以通过以自身为榜样让别人体验到你作为儿童和青少年时所享受的美好经历。这样，我们就能够充分发展自己的身体感知能力，更好地与他人沟通，通过身体语言表达自我。

"成功的母亲"和"儿童暴政"

艾米·蔡（Amy Chua，蔡美儿）是两个女儿的母亲，她想写一本关于她作为一个"虎妈"的成功故事的书。她不仅认为自己是一个"成功的母亲"——她这样称呼自己——而且认为美国的华裔或亚裔父母有不同的、更注重成功的育儿方法。他们更严格，使用更专制的教育方法。

艾米的故事本应该讲述的是"中式父母如何比西式父母更好地

教育孩子"。相反,她讲述了一场痛苦的文化冲突,短暂体验了卡内基音乐厅的荣耀,以及在莫斯科红场上由她13岁的女儿露露给她的最后一次羞辱。这是艾米·蔡在她的世界级畅销书《虎妈战歌》(*Battle Hymn of the Tiger Mother*)中对她作为一个虎妈的失败作出的总结。

  对我来说,她的这段经历就像一个关于失败的投射性自我优化的故事,当露露——被寄予厚望的神童和小提琴演奏家违背自己的意愿——拒绝在莫斯科餐厅品尝鱼子酱时,这位"成功的母亲"绝对不接受她这么做。事情发展到在红场上摊牌。母亲对她13岁的"作品"失去了控制:"没有什么比一个拒绝一切她不知道的东西的美国青少年更典型、可预见、平庸和普通的了。你很无聊,露露——无聊!"

  "闭嘴!"女儿愤怒地喊道,并在俄罗斯特色的贵族餐厅地板上砸了一个杯子。客人们停止用餐,惊愕地盯着她们。露露现在无法平静下来,13岁的她大声说:"我恨你!我恨你!我恨你!我恨你!你不喜欢我。你告诉自己你爱我,但这是个谎言,否则你就不会每秒钟都让我感觉自己像垃圾。你毁了我的生活。你终于满意了吗?"

  这位"成功的母亲"的喉咙绷紧了,然而她仍试图通过威胁和恐吓来控制这个叛逆的女儿。但露露只是更大声地尖叫:"你是个糟糕的母亲。你很自私。你不关心任何人,只关心你自己。什么?你大概又觉得我是多么忘恩负义吧,在你为我做了那么多事之后!你说你为我做的一切,其实都是为你自己做的。我恨这把小提琴。我恨我的生活。我恨你,我恨这个家庭!"之后,这位母亲跳了起来,失魂落魄地跑过莫斯科街头。然后她停下来,在红场中央痛哭流涕。

这位"成功的母亲"所选择的副标题是"我如何教我的孩子赢"。这可以解释为，只有当她的女儿成功地从母亲的欺凌、不断的纠缠和潜意识的贬低中解脱出来，不再准备实现母亲的自我优化幻想投射时，露露才学会了赢。一个看似善意的暴政本应将露露变成艾米希望她成为的样子。而露露指责她的"成功的母亲"有自私意图时，也正是意识到了这一点：艾米其实只是在追逐她自己的成功。

是的，在无意识中，艾米可能是为了自己而这样做。艾米想成为"成功的母亲"，而不是为她的两个女儿做最好的母亲，不管她们可能需要什么（不同的）东西。直到书的结尾，她也没有完全意识到这一点。有时，这一点会诡谲地闪现出来，因为——这也是这本书的优势——蔡美儿给出的事件描述相当详细，而且基本没有修饰。这本书值得一读，也本着保罗·瓦茨拉维克的精神，对读者产生了与书的本意相反的效果，即让我们更身先士卒、更少地把自己的成就幻想投射到孩子身上。当所有的成就幻想和优化要求都投射到一个孩子身上时，孩子会更多地受到父母完美主义神经症的影响。

是成功的父母还是有自我效能感的孩子？

作为父亲和记者，马克·布罗斯特（Marc Brost）和海因里希·韦芬（Heinrich Wefing）在他们的《完全行不通！为什么我们不能调和孩子、爱情和事业》（*Geht alles gar nicht. Warum wir Kinder, Liebe und Karriere nicht vereinbaren können*）一书中，描述了作为父母所面临的日益升级的完美主义要求和自我实现的渴望之间的矛盾。他们公开承认，撰写这本书更加加剧了这种不堪重负的感觉。封面展示了一位穿着褶皱西装裤的商人的腿，他不经意间伸出手牵着一个小孩子。

出版后不久，芭芭拉·卢克施（Barbara Lukesch）推出了《能办到的！当父亲们也加入育儿》（*Und es geht doch! Wenn Väter mitziehen*）一书。书籍封面展示了一位父亲抱着一个女儿，注视着另外两个女儿在玩耍——他耐心地坐在地板上，与孩子们平视，轻松微笑。这位有三个女儿的父亲看起来无私奉献，无私牺牲，至少在拍摄时是如此。书封上还引用了一位名叫亚历山大·韦伯（Alexander Weber）的教师的话："作为女外交官的丈夫，我每周工作七天。我的技能就是丽莎、埃琳娜和安娜（他们的女儿）。"

一切都可能过度，即便是好事也一样。关爱也可能过度。过度保护会使孩子难以体验自我效能感。为了体验自我效能感，孩子应该被允许跌倒，学会如何自我振作。成长过程中避开所有磕碰是不可能的。如果我们事先阻止孩子的所有跌倒，他们就无法学会如何成功地站起来。这让父母感觉自己很有能力，但孩子则感到无能。这种情况会让他们感到不安全，因为他们必须在某个时刻自己学会这些技能。我们的孩子很早就意识到了这一点，这会导致他们缺乏安全感。

昼夜不停的短视频和社交媒体快餐

在数字媒体网站嗡嗡喂（Buzzfeed）的系列报道中，有一期专门讨论了有影响力的青少年。报道中介绍了14岁女孩丹妮尔,她每天都会在社交媒体上为自己账号的1 000万粉丝表演舞蹈。这些粉丝关注她的表演,支持她的创作,她则用这些收入支付着她母亲在美国加利福尼亚州公寓的租金。因此,从严格意义上说,女儿实际上是母亲的雇主。

当家庭中的角色发生转变时,我们就会谈到"父母化"。这种现象指的是孩子们开始照顾他们的父母,资助他们,分担他们的压力,保护他们免受伤害。比如,当孩子们扶着醉酒的父亲回家,或者像哈佩·克尔克林(Hape Kerkeling)在《需要透透气的年轻人》(*Der Junge muss an die frische Luft*)中所描述的那样,尽力让沮丧的母亲感觉好些。

丹妮尔的母亲陪她前来试穿新的工作服。丹妮尔希望穿得越少越好,但她的母亲却不这样认为。然而,由于女儿是她的老板,作为合法监护人的母亲必须按照女儿的意愿行事。她完全服从女儿的要求,因为女儿清楚知道如何吸引更多点击量:展示更多肌肤,穿得更少。

从11岁起,丹妮尔每天在音乐平台上翻唱歌曲并跳舞。为了女儿的事业,她的母亲特地搬到洛杉矶,并且从那时起,她们每天制作3个新视频。

当被问及与音乐平台上的其他用户的区别时,丹妮尔说:"老实说,我不知道。我常常自问这个问题。我并没有做特别酷的事情。我不是舞者,一开始我只是个歌手。那么,我为什么会这么出名呢?"

记者试图给出答案:"因为你是一个在手机前跳舞的可爱

女孩?"

丹妮尔:"也许吧。可能是这样。"

记者:"你认为这是一种工作吗?"

丹妮尔:"是的,这些节目让我很累。我感觉就像整天在办公室工作。"

记者:"你现在是在家里上学吗?以前的情况怎样?"

丹妮尔:"成名之前,我在一所普通的学校上学。但女孩们开始嘲笑我,和我争斗,因为她们嫉妒。然后我失去了所有朋友。这很愚蠢,是的。"

她看起来并不悲伤,更像是一个曾经遭受过痛苦的小女孩,但她不会也不愿意让这种痛苦再次出现。回忆了旧日的脆弱之后,这位年轻的明星马上回到了为下一次拍摄和下一次发布内容、为她的粉丝而努力的状态中。

超级妈妈和她的超级孩子们

安伯·菲勒鲁普·克拉克(Amber Fillerup Clark)发现了一个新的商机:成为一个超级妈妈、一个母爱满满的母亲,有三个可爱的孩子和一个与之相称的丈夫。在她的生活中,一切似乎都如时钟般精准运转,就像是一家五口的美国梦,像是用白色、粉红色、卡其色和米色勾勒而成的梦想画卷。

当被问及她在自媒体职业生涯中面临的最大挑战时,安伯回答说:"作为一个职业母亲,要在工作和育儿之间找到平衡是非常困难的。如果我只关注我的孩子，那么我就会感到对我们的员工不负责任。如果我成为一个优秀的老板，那么我又会因为没有陪伴孩子而内疚。这是一场持续的挑战，但我相信总有一天我的孩子们会理解，所有的辛勤工作都是为了他们，并且他们会意识到任何美好的梦想都可以成为现实。"

然而，这也有可能是一场噩梦：安伯的孩子们可能会意识到，任何噩梦都有可能成为现实，他们甚至可能并没有被问过是否愿意成为父母赚钱并拍摄在线广告的对象。如果他们在某个时候被问到了——这在持续公开的过程中可能会发生——那么干脆不问比迫使他们同意去做不得不做的事情更好。也许他们会被嘲笑，不断被嘲讽他们家庭生活的细节，因为每个人都知道他们生活的方方面面。那么那些他们的父母在他们18岁生日之前通过家庭故事赚来的钱，对他们而言也没有什么意义或安慰作用了。

驱逐出家庭频道

然而，许多在自媒体家庭中长大的孩子后来可能会哭着说："你做的那个该死的自媒体频道，说的是我们家庭多么美好，其实就是为了你自己做的！"多年来，他们一直假装成家庭频道的订阅者所期望的样子。这带来了点击率、点赞、父母的赞美和父母的收入。由于父母必须养育他们的孩子，他们自然不会想毁掉共同赖以生存的"树枝"。但是，如果他们中的一个人真的退出了，就会引发粉丝的大规模出走，并意味着财务上的毁灭。

这样的事确切地发生在了一个自媒体家庭中，他们收养了一个儿子，一开始骄傲地介绍了这个亚洲男孩，但随后却又毫无解释地将他从家庭频道中排除出去。米卡·斯托弗（Myka Stauffer）和詹姆斯·斯托弗（James Stauffer）通过展示他们和三个孩子的家庭生活，吸引了成千上万的油管观众。直到在《大公告！第四个孩子》（*Big Announcement!!!#Baby4*）一集中，他们宣布从亚洲收养了一个男孩。现在有四个孩子的母亲郑重宣布："我们真心希望这件事（收养）能成为我们故事的一部分。"但是，这个家庭故事的发展与预先的计划不同。

来自中国的两岁半的赫胥黎最初融入了家庭生活，可以在视频中看到他。在第一年，斯托弗夫妇的频道订阅者数量上升到40万。然后，在没有宣布或做任何解释的情况下，赫胥黎从斯托弗夫妇的视频中消失了。在越来越多的追随者开始询问赫胥黎的去向后，这对夫妇在2020年发布了一段视频，其中他们诚实地承认赫胥黎现在与另一个家庭生活在一起——他们事先没有意识到他的需求（以及他的孤独症诊断）。

随之而来的是跌落神坛。网上的人群将斯托弗夫妇推上了虚拟的耻辱柱：他们的追随者数量骤减，赞助商和其他家庭博主都与他们保持距离，超过15万人在请愿书中要求删除所有涉及赫胥黎的商业视频，并在脸书上创建了"为赫胥黎伸张正义"（Justice For Huxley）的标签。如今，斯托弗生活频道的视频已经无处可寻了。

关于父母可以在互联网上做什么的辩论仍在继续。或者说，这个讨论应该严肃地开启了。还有一个必须澄清的问题是，从什么节点开始视频中的儿童与青少年可以被看作非法童工（以及合法与不合法的界限在哪里），以及在什么时间点国家应该因为儿童的权益而进行干预。

总结

好的教育方法并不意味着按照科学、聊天群、育儿指南或论坛的准则来训练孩子，而是要示范和亲身实践。只有以身作则，父母才能与孩子建立起良好的关系。然而，在养育孩子的过程中存在着完美主义，母亲和父亲之间存在着竞争，这导致了不断的比较和相互指责。

这种教育竞争只会产生失败者。因为这种态度掩盖了对所有家庭成员的长处和短处的认识。这不再是"谁对谁有好处"或"谁是谁的负担"的问题，而只是"谁或谁没有成功做到"的问题。投射性的自我优化想要把孩子塑造成父母希望他们成为的样子。从长远来看，这种努力必然会失败。

足够健康的儿童会在某些时候从投射的束缚中解脱出来，随后寻求自己的道路。如果教养方法在长期内造成了创伤——当它是由许多小的永久压力或不断的贬低所构成时，我们就会说这是"复杂的创伤"——那么这种自我解放的力量就可能是不足的，只有通过心理治疗才能帮助儿童或青少年从这种父母投射的束缚中解脱出来。然而，相当多的人直到成年后才开始解决这个问题，有些人甚至从未解决过。

为什么教育的完美主义会让我们越来越焦虑？

因为我们想让我们的人生闪耀，而不是理解和满足他人的需求。因为所谓的儿童中心主义往往实际上是变相的父母中心主义。重点不应该是让父母感觉良好和成功，而是让孩子们感觉良好和成功。因为我们希望在应该展现爱的地方表现出色，结果我们变得越来越紧张、易怒和顽固——随着时间的推移，这种情况不仅影响了父母，也影响了孩子，使孩子变得越来越焦虑。

完美主义神经症将自己（被阻碍的）成功欲望转嫁给他人。现在，越来越多的父母认为他们后代的成功比他们自己的成功更重要。孩子们必须始终保持良好的行为习惯，集中注意力，培养浓厚兴趣，坚定意志，保持理智和好奇心，甚至在学习中文这类西方人认为困难的事情上也不能松懈。他们还必须在寄宿学校里吃苦耐劳，或者竭尽全力成为乐团的首席——这都是因为他们的父母自己只取得了第三名或第四名的成绩，甚至从未进入过地区联赛。或者是因为父母小时候没有机会学习拉小提琴或踢足球，尽管他们当时非常渴望，所以他们认为他们的孩子现在既然有学习的机会，就应该培养这样的兴趣。

无论是强制还是限制，这两种极端都只是同一个冲突的两面。难怪青春期的孩子常常反应很激烈。然而，更糟且不健康的是，青春期的叛逆直接被跳过了。父母的投射、铁腕管教，以及微妙的操控和诱导的内疚感，仍然牢牢地束缚着青少年，使他们（还）无法摆脱这种束缚。因此，人们应更加关注那些不会逆反的孩子。

我们能做什么？

我们应该更加相信，即使没有所有这些新的父母期望和荒谬的努力，孩子们在几个世纪以来也发展得非常出色。我们应该更加相信，我们的孩子拥有他们所需要的一切，可以过上足够成功和充实的生活。我们应该更多地相信我们自己的基因、我们所传递给孩子的基因，并鼓励我们的孩子也对自己更加有信心。如果我们信任他们，我们的孩子就会更容易信任自己。如果我们不信任自己，他们又该如何学会信任？因为如果我们对自己信任不足，呼吁就会变得空洞，因为我们无法以己为范去体现它们。

如果我们都想或应该成为小提琴独奏家，那么谁还会拉中提琴呢？

那么我们能做什么呢？

少折腾些！

第二部分　工作 4.0

关于工作和尊严

8　对努力的焦虑

＃努力没有回报了吗？

学术团体罗马俱乐部的丹尼斯·梅多斯（Dennis Meadows）早在50年前就提出了"永恒增长的谎言"这一概念。他解释说，人类这个物种大约在15 000代人以前才开始在地球上繁衍。直到1750年，人均经济增长几乎为零。也就是说，在大约30万年的时间里，人类的福祉并没有得到任何改善。只有在过去的15代人中，也就是在人类存在的0.1%的时间里，才出现了对普遍生活水平必须持续快速改善的需求。反过来说，这意味着过去的14代人一直处于上升的轨道上，直到最近才似乎达到了一个平台期，之后可能会迎来下降。

社会学家莱克维茨的结论是，在过去的数十年中，不断扩张的"晚期现代性"已经达到了一个"转折点"。所谓的"沉默的革命"已经变成了"喧嚣的革命"，如果有必要，它们会通过武力来表达自己的声音，无法再被忽视。后工业化、数字化、自由化、市场化已经渗透到新千年的几乎所有生活领域，今天几乎没有人可以摆脱它们的影响。其后果不仅有令人欣喜的自由、消费和流动性的增加，还有日益严重的问题，如社会不平等的加剧、文化解体、心理和社会排斥、公共资源被忽视、市场过热和生态威胁加剧。

很正常的疯狂

"一个仓鼠轮从里面看也像一个职业阶梯！"这句话在脸书上流传了好一阵子。主观上，人们当然可以这样认为，一个在仓鼠轮中奔跑的工作不乏被宣传为是职业的阶梯或者是上升通道。但客观地说，你总是踩在仓鼠轮的同一个位置上。如果你在短时间内挣扎往上爬，重力会让你回到地面。一个人可能不断地、匆忙地前进，注意不到积极的变化，没有发展，没有进步，没有真正向前迈进，也没有能力积累储备。越来越多的人甚至不得不同时在几个仓鼠轮中竞赛，因为依靠一个仓鼠轮已经不足以生存。

例如，在慕尼黑的学生由于高得荒谬的而且还在不断上涨的房租而变得越来越有生活压力。在我看来，这与我学生时代的自由几乎毫无关联。学生们往往不得不同时兼顾几份工作，夜以继日地努力工作，并且还要与其他几十个学生竞争，才能凑足一间住所的钱，有一个避风港。同时，他们还必须满足大学或者技术学校日益苛刻的要求。在这个伊萨尔河畔的时尚之都，他们在合租公寓的厨房里参加各种申请面试和工作面试，几乎和争取一个中层管理职位一样耗时、令人沮丧和紧张。如果此时还有人养了一只狗，那就会为室友的心理治疗提供更多素材。拿到学士学位后，学生们又不得不再次申请硕士课程。如果最终被录取,这很少意味着经济上的改善,因为在此期间,德国的(几乎)所有大学城的租金也都变得非常昂贵。

在我看来,这一切听起来非常有压力和负担,尤其是对于心理学系学生来说。如今,他们几乎必须在统计学中拿到 A+++[①] 才有机会得到一个硕士课程的名额。我不认为我可以做到这一点。如果当时也有这种疯狂的局面,我很可能不会成为一名心理学工作者。

即使是学生,也可能属于贫困、无保障或处于社会边缘状态的人群。尚处于工作年龄的失业人员一直属于这个群体,但今天它还包括临时工、合同工、迷你兼职[②](越来越多的人同时做着多份迷你兼职)和低收入的自由职业者,包括数字经济中做自媒体工作的大多数网红和博主。因此,作为网红、自媒体博主的工作通常只是一份额外的工作,因为你不能依靠它维持生计,除非你的伴侣在双方关系中承担了主要的经济负担,那么双方共同的收入就足够了。

女演员伊丽丝·阿申布雷纳(Iris Aschenbrenner)维持着一个拥有 8 万名粉丝的自媒体频道,她在一次谈话中告诉我,当你达到这个规模时,你只能在一定程度上靠它谋生。她自己做这个频道更多是为了好玩,因为她的主业仍然是演戏,所以不会依靠她的自媒体副业生存。然而,网红、自媒体博主永远不会计算时薪,因为这太令人沮丧。他们甚至无法意识到自己是在工作,因为他们太过沉迷自我展示:"他们早就对此上瘾了!"

---

① 原文是"带星号的 1 分",德国满分是 1 分,带星号意味着比满分还要优异。
② 德国的一种收入较低、工时较短的兼职,很多餐厅、酒吧、超市为学生提供这样的工作。

越来越多的贫困阶层人口

"边缘阶层"这个词多年来一直被大家频繁提及。然而,直到今天经济学家们还没有给出一个普遍可接受的定义。但明确的是,这个群体指的是介于享有社会保障的大多数工作人口(需要注意的是,这可能仅适用于极少数国家)和那些几乎完全被排除在职场之外的人之间的人群,比如长期失业者。边缘阶层在动荡不安、收入微薄的工作环境中苦苦挣扎,却得不到生活保障。他们虽然有工作,但常常为保住工作而忧心忡忡。他们勉强维持生计,而规划安全性是一个他们从未有过的概念。

纽伦堡大学的一项研究显示,即使在德国,也有1/8的工作人口长期生活或就业于不稳定的环境中。研究人员总结了一系列社会指标,作为不稳定生活的标志。这些指标一方面涉及家庭生活,另一方面涉及职场生活。其中包括低工资、工作不稳定或缺乏解雇保护等。

值得称赞的是,德国于2022年引入了时薪12欧元的最低工资标准。然而,这对于居住在慕尼黑这样高房租城市的人来说仍然是无法维持生计的时薪。特别是对于有孩子的单亲家庭来说更是如此。如果不解决住房短缺和高昂租金的问题,我怀疑最低工资标准,至少对于城市居民而言,并不能真正带来改善。

根据该研究,2018年时,超过12%的劳动力处于不稳定的就业状态或在10年内持续面对不稳定家庭环境的挑战。这种不稳定状态中占比最大的子群体是处于黄金工作年龄的女性,其中大多数是有孩子的,她们在10年内要么没有工作,要么工资非常低。在长期的观察研究中（时间从 1993 年到 2013 年），所有群体在各自的社会和经济条件下，都没有明显改善不稳定的生活和就业状况，除了持续处于不稳定状态的 12%，还有 26% 的人处于"存在就业和家庭情况不稳定、生活保障受威胁范围"。总体来看，超过了人口的 1/3。而与全球其他国家相比，德国的情况可能算是不错的。

在我的诊所，我接触到的主要是三四十岁的女性患者，她们承担着独自照顾孩子的责任，很少或几乎没有得到任何额外支持。令人难以置信的是，今天仍然有一些父亲选择逃避责任，部分或完全推卸责任，只是偶尔支付抚养费，要么一年只和孩子见几次面，要么根本没有时间与孩子见面。他们时常会信誓旦旦地作出承诺，但这些承诺最终往往会落空，这对孩子和母亲来说几乎是一种创伤性的负担。不幸的是，作为家庭法心理鉴定专家和心理治疗师，我经常面对这样的情况。

全日制日托中心的费用以及在慕尼黑（以及德国其他大学城）租一套两到三居室公寓的高昂费用，使许多母亲每个月都只能勉强维持生活。我的女病人常常会无奈地说："赫普先生，您别问我是如何做到的。"然而，正因为如此，我恰恰会更加仔细地询问详情。

关于抑郁症和攻击性

每天需要不断协调和安排，需要更有效地安排一切，加上那些长期的压力——尤其是与孩子父亲的关系——这些让单身母亲们常常感到挫败和力不从心，经常会导致抑郁或攻击性。愤怒要么是针

8 对努力的焦虑

对自己的，要么是向外的，我们将在下一章看到。我的印象是，女性更倾向于前者，而男性更倾向于后者。

仅仅通过治疗是难以走出抑郁的，也无法摆脱这种（反应性）抑郁，日常生活的外部结构也必须有所改变才行。通常情况下，搬到乡下或者在德国另一个地区找一份收入更高的工作会带来明显的改善，但可以理解的是，人们不想在离婚或和孩子父亲分开后让孩子离开他们习惯的社会环境。这是一个常见的两难选择：保障孩子的成长连续性与改善经济状况的需求之间的矛盾。

当病人要求服用促进活力和提高效能的抗抑郁药物时，我经常会说："必须在根本的生活结构上有所改善才行。"否则，我会觉得自己像一个给人开兴奋剂的医生，只是为了使病人在一个让他们患病的系统中能继续坚持一段时间。抗抑郁药物当然可以很好地、明显地对走出抑郁症的过程有帮助，特别是对于严重的抑郁症。我会把药物的效果称为"在背后推你前行的风"，在此之上还会补充说，你仍然必须自己脚踏实地地掌舵。只有与可以长期维持生活的结构相结合，这条路才能通向持久的成功。"抚养、照顾和教育孩子不是一次性事件，而是一场马拉松。"我有时会补充说。

幸运的是，现在有专门针对母亲的身心疾病治疗机构，但仍然太少。在这些机构中，孩子们也得到了照顾，母亲们在病假期间可以将照顾孩子的责任移交给机构几周时间。通常情况下，只有在这时，她们才能真正将精力集中在治疗上。后续我再给她们提供门诊治疗。

当然，这种做法也同样适用于单身父亲。但我必须承认，这么多年来，我从未接触过类似情况的单身父亲。我接触过一些与母亲平等轮流育儿的父亲,但从未处理过一个没有从孩子母亲那里得到任何支持,且在不稳定的情况下艰难生活的单身父亲案例。但也许下周我就会遇到这样的案例,谁知道呢?这就是我的工作令人兴奋之处。

在我的治疗过程中,也有一些父亲失去了监护权或部分探视权。他们的前伴侣想让父亲减少与孩子的接触,或者出于站不住脚的理由禁止父亲与孩子接触。有许多不同的情况,但无论哪种情况,都有可能使双方陷入危险的财务危机,而高昂的法律费用只是其中之一。

平台的力量和劳动者的无可奈何

在两部不同的纪录片中,我看到网约车司机和音乐平台的音乐人在示威。这两个完全不同行业的群体的诉求几乎是相同的:都希望能获得一份公平的收益。这两个群体都是由(表面上的)自由职业者组成的,是数字平台资本的一部分。

像优步(Uber)和声破天这样的公司长期以来被认为是"高大上"的,象征着初创世界领先于旧的传统世界。它们被归类为"平台"或"零工经济"的数字服务提供商。这通常指的是在全球范围内运作的公司,如客运方面的优步、外卖服务方面的户户送(Deliveroo)或音乐流媒体方面的声破天,它们仅仅将自己视为工作中介平台。然而,劳动者的工资就像音乐家一样:不定期、不规律。正如纪录片《按需工作:数字时代的日薪工作者》(*Arbeit auf Abruf:*

Digitale Tagelöhner）所展示的，越来越多提供基于互联网服务的公司正在采用（表面上的）自雇模式，以降低成本并规避劳动法。

许多巨型公司几乎不缴纳税款，甚至要求亏损结转[①]，因为它们更愿意通过大量投资来进行积极的市场扩张，尽快实现市场垄断，而不是公平地给那些让它们成功变现的首批平台用户支付报酬。优步司机，就像声破天的音乐人一样，必须自己承担所有的成本和风险，而只获得微薄的利润。他们的歌曲每被收听超过30秒，音乐人可能只能获得0.1美分——或者更少，而每行驶一千米则赚不到一欧元，司机们在扣除燃油和维修费用后，拿到手的只剩下一小部分。燃料价格急剧上升也不是优步需要担心的问题。如果司机被堵在路上的时间较长，或者遇到爆胎，他们甚至可能在一次载客行程中出现亏损。但该平台总是盈利的。

起初我理解为每次点击得到1.0美分，这对我来说已经听起来非常少了。但我的一个病人给我算了一下，他在声破天上的音乐作品获得了一百万次点击，他收到的钱甚至不到1 000欧元。如果是1.0美分的话，那应该是接近1万欧元。这个数字虽然也不能让他以此为生，但现在的情况是，他目前获得的收入甚至还没有他的制作成本高。他让专业音乐家录制了他的作品，并为此向他们支付了公平的报酬。这已经赚不到什么钱了，今后他将被迫像他的大多数同行一样，自己在电脑上制作歌曲。他的一个音乐家朋友甚至谈到，他的流媒体内容每播放一次，他只能收到0.004美分，因合同不同会有很大差异。这些音乐人的收入简直低得离谱，实际上他们只能

---

① 指缴纳所得税的纳税人在某一纳税年度发生经营亏损，准予在其他纳税年度盈利中抵补的一种税收优惠。

通过现场演出的入场费来赚钱。

我的例子已经是几年前的事了。这也是平台经济的一个特点：它们在开始时以较好的条件吸引了行业内的专家和明星，但待遇很快就会迅速恶化。例如，对于摄影，像盖蒂图片（Getty Images）或科比斯（Corbis）这样的大型数字图库机构来说也是如此——反正所有免版税图库机构都是如此。

在那之后，我又开始买唱片，但这并没有持续多久。未来唯一有效的解决方案是，最终让平台经济的所有内容提供者——也就是所有对销售的产品内容负责的人——能分享到更公平的利润份额。否则，我们将看到艺术和艺术家的贫困化。而少数超级富豪将和亚马逊创始人杰夫·贝索斯（Jeff Bezos）一样，在外太空的酒吧聚会（目前已有了计划），并为此支付数百万美元，以娱乐的方式俯视我们所有人，因为他们不知道在地球上他们应该把数十亿美元花在哪里。

现在也已经有粉丝反复听歌，只听 31 秒，以这样的方式支持他们的偶像。这对榜单的排名和收入有同等影响，而这两者又可以相互促进。流行音乐明星贾斯汀·比伯（Justin Bieber）就公开呼吁他的粉丝这么做。根据市场逻辑，一切都应该在前 30 秒内发生，无论是在音乐上还是在内容上。在德国，嘻哈音乐和德国说唱早已深得其韵。对于爵士乐手或古典音乐人来说就是一个难题了，即使他们想适应。因此，复杂深奥的艺术正被平台资本从越来越多的领域驱赶出去。

即使是摇滚乐，以前偶尔也会在磁带 B 面放上一首史诗般的歌曲。像平克·弗洛伊德（Pink Floyd）这样的乐队在一张专辑上筹备了好几年。今天，谁还能靠这个活着？因为在 30 秒内最多只能有一个想法（往往连这个都没有）、一个旋律和一个节奏。这就是少数陈词滥调的超级大腕赚钱的方式，而许多伟大的艺术家（几乎）空手而归。如果后者不得不在地球上的某个酒吧打工，甚至为优步或为外卖平台工作，那么谁来创造艺术？

2020 年，大流行病全面打击了这些剥削结构，从那时起，许多人只在网络上对着匿名观众演奏他们的音乐——往往连 0.1 美分都赚不到。不，他们继续演奏，即使意味着亏损。作为社会，我们不应该以资本的方式扼杀这种令人钦佩的理想主义，也不应该袖手旁观。因为即使在石器时代的洞穴里，墙上的牛的图像也是紧随篝火上的烤牛肉之后出现的，而烤牛肉又使洞穴艺术得以显现。这是一个经得起时间考验的循环，即使洞穴画家没有一起打猎，他也能自然地分到一份烤肉——就像任何一个好的群体一样。这一点在数字病人身上没有改变。或者说，它不应该改变。艺术是而且仍然是人类的基本需求。

永恒增长的谎言

根据个人主义的幻想，每个人都应该成为自己的雇佣者，并在充满活力的经济中不断进行自我提升和重新定位。但这一点正变得越来越超出人们的承受能力。因此，越来越多的自我赋权的言论随着技术革命而出现。与此同时，优步的司机以极低的价格提供服务，声破天的艺术家只能靠每次点击赚取微薄的利润，这（表面上）代表了许多平台个体户的真实命运。近几十年来，对进步和发展的种种承诺似乎越来越不现实。资本的理念认为，进步总是意味着整个社会的收益，但这一理念已经失去了可信度。各种失落的体验正在蔓延。这引发了如何获得认可以及对自身身份的困惑问题，当然也带来了贫困和苦难。

数字人取代了智人

过去几十年的经济发展加剧了人们对社会衰退的担忧，特别是当资本被分配到越来越少的人手中时。一百多年前，马匹从劳动过程中消失了。它们的动物肌肉力量被更便宜的蒸汽机所取代，大多数马匹都不再被需要了。因此，只有少数富人家庭愿意在没有任何直接经济利益的情况下继续饲养马匹，这就是为什么今天活着的马匹数量只是1900年的一小部分。

今天，在人类劳动领域也可以看到一个类似的技术性淘汰的过程。工人，但也包括（以前的）中产阶级，正越来越多地被具有算法自我优化循环的完全自动化的工作流程所取代，被更便宜的机器人和人工智能（AI）所取代。

法国经济学家托马斯·皮凯蒂（Thomas Piketty）在其划时代的作品《21世纪资本论》（*Capital in the Twenty-First Century*）中写道，在第三个千年之初，财富和收入不平等现象日益严重。他研究了18世纪以来，即第一次工业革命开始以来财富和收入分配的变化。其中，皮凯蒂认为，自20世纪中期以来，工业化国家的财富集中度大幅提高。同时，我们正在走向 19 世纪那样的状况，当时只有少数超级富有的贵族、大地主、大资产阶级资本家和工厂主在瓜分蛋糕。不平等的增加是资本主义固有的一部分，但不平等的无节制增加越来越威胁到民主和经济。

美国风险咨询公司欧亚集团（Eurasia Group）总裁伊恩·布雷默（Ian Bremmer）同样关注人类劳动价值与资本高回报之间日益不匹配的情况，他在谈到过去几十年的大规模动荡时说："对于那些声称技术总是创造更多就业机会，并且这个状况会这样继续下去的技术爱好者，我只能说，只要还有人类能做的事，技术确实创造了就业机会。但是，当一个人的基本技能被技术所取代时，人类就会变成相当于马的存在。"

这并不一定意味着我们不能再过有意义的生活。但我们将不得不面对巨大的变化，也有心理上的变化。我们对有偿工作的理解将不得不改变。所以我们也应该把志愿工作视为有价值的工作。通过工作、就业或职业活动来定义一个人（的价值），在我们的社会仍然是根深蒂固的。在这种大问题上，我们的改变会很缓慢。

然而，21 世纪初的技术发展非常迅速，其速度越来越快，让越来越多的人难以承受。例如，运输公司现在仍然是超级大雇主，但预计在十年内，这些公司中的大多数岗位将不复存在。

当富人也要求提高税收时

法国经济学家托马斯·皮凯蒂对 21 世纪初的情况感到不安。

国际资本主义似乎濒临失控。大公司和亿万富翁正在逃避应有的税收。不止几个百万富翁对此表示担忧。他们中的一百人在一封联名信中共同发表了他们的看法。虽然世界在疾病大流行中经历了很多痛苦，但他们在《我们信任税收》（*In tax we trust*）的联合声明中写道："我们实际上看到我们的财富在大流行病期间增加了。"然后他们呼吁政治家们："向我们这些富人征税，现在就向我们征税。"因为事实上，只要他们有算得上聪明的律师、资产顾问和税务顾问，并且资产遍布世界，他们就（几乎）不必缴纳税款，而目前他们中的大部分人情况也的确如此。

杰夫·贝索斯的情况似乎尤为突出。因为从2014年到2018年，这位亚马逊亿万富翁实际上只支付了0.98%的（有效）税。然而，美国的最高税率却超过39%。贝索斯在大流行病期间不必关闭任何商店，他的私人资产增加了800亿美元。遗憾的是，贝索斯并没有在联合声明的签署人名单中——他更愿意沉浸在他的太空爱好中。

所有这些快速的发展导致了今天工业国家中2/3的人比他们的父母辈更贫困。第二次世界大战后的情况和如今正好相反。此外，少数人将继承大量财富，但大多数人将一无所有，或者他们甚至会继承他们父母的债务和忧虑。皮凯蒂认为，这种情况在未来10年内将加剧社会差距。

数字经济的把戏

具有讽刺意味的例子是，根据上述避税的逻辑，优步也通过大量投资自动驾驶系统的软件开发来减少税费。从这个角度看，全世界的优步司机创造的利润被重新投资，为取代他们做好了准备。而优步几乎不需要缴税，因为这类投资可以作为减税项目申报。这是一个让人绝望的恶性循环。

一位优步司机趴在她的雪佛兰车方向盘上哭泣，她承认她现在甚至缺少汽油钱，无法和孩子一起去看望她的祖父母，尽管她每天在旧金山周围载客 12~14 小时。她还说，她被优步承诺的更好条件所吸引，以至于她甚至为此放弃了自己的固定工作。而之后，事情变得越来越难。她觉得，优步的算法越来越让她处于不利地位。

我和慕尼黑的一位优步司机谈过这个问题，他向我解释说，在德国，为优步工作的公司与出租车公司的组织和监管方式是一样的。而他的老板每次都要给优步公司 30% 左右的提成，所以要建立起一个能盈利的业务并不容易。作为一名优步司机，他从公司领取固定的时薪，有社会保险，因此算是有一份长期工作的保障，尽管这已经是他同时在做的第二份工作了。否则，他将无法维持生计，更无法给他在国外的家人寄钱。他的时薪有多高或多低？他不想告诉我。他只是（假装）惊恐地说："问一个优步司机收入状况，就像问一位 40 岁女士的年龄！"我们一起笑了起来。当他问他的同事们收入如何时，他也没有得到答案。

社会参与的得与失

我们还只是处于这些新发展的最开始阶段。很快，我们将拥有能做（几乎）所有事情的机器人。但只有少数人能大量拥有这些机器人。因为这些自学系统能够完成的任务越多，它们的成本就越高，就像今天的量子计算机一样，它甚至能够破解区块链。在这一发展的最后阶段，少数人将能够做成无限多的事情，而所有剩下的人几乎都无法对这个世界产生影响。我们正在走向一个前所未有的不平等时代——在庞大的影响力和无能为力的巨大反差之间。这种发展可能至少会像前三次工业革命过程中的动荡一样剧烈。

我们从这些巨大的社会动荡中——在最初的大规模贫困化之后——通过法律和工会，通过社会伦理著作和社会法规，成功地塑造了一个繁荣的中产阶级。而我担心我们面对的挑战会越来越严峻，我们应该在新的大规模贫困化发生之前采取行动。

极乐世界：2154 年的两级社会

好莱坞电影《极乐世界》（*Elysium*，又译《极乐空间》）描绘了一个未来的场景，社会被分为两个阶层。一些人像生活在法国的上帝一样，住在空间站里的极乐世界——一个高科技的天堂，没有战争、疾病或忧虑，只有少数拥有必要手段或不透明特权的人。而大众呢？他们在某个地方消磨时光，很久以前就被抛弃了。在这个地球上的悲惨世界里，有比以往更多的战争和冲突，更多的流行病和忧虑。两个阶层间建起来的隔离墙有几千米高。

难道这仅仅是科幻小说？这样的苦难已经可以在世界各大城市的贫民区中看到。相比之下，南非开普敦、俄罗斯莫斯科、阿联酋迪拜、委内瑞拉加拉加斯或美国洛杉矶的高档住宅区——守卫森严并始终保持绿化灌溉——已经类似于一个极乐世界。这里：有人看守的绿洲；那里：干旱和苦难。

往往就在乡镇的旁边，富人形成了他们的幸福龟壳。赢家们解开了束缚。他们甚至不需要离开地球就能做到这一点。只要雇佣足够多的服务人员来保护和服务他们，建造数千米长的围墙，用大量的铁丝网、十几条德国牧羊犬、无数的监控摄像头和运动监测仪来保护整片田园风光就足够了。如果那些幸运的人在城墙这边还有直升机和停机坪，他们就不再需要与"平民"接触了——在古罗马，广大的边缘化人群被称为"平民"。

而这个世界中的在线世界，通过在线的廉价劳工大军，像一台运转良好的机器一样运作。要做到这一点，你甚至不需要雇佣服务人员，也不需要维持一个大型法庭。英国电视剧《唐顿庄园》（*Downton Abbey*）令人印象深刻地展示了一百多年前，一个庄园主为此还需要承担多大的责任。而今天你只需在沙发上、在平板电脑上轻轻一扫——就可以预订所有可以想象的服务。警卫、清洁工、保姆、私人教练、导师（能想象到的任何领域的）、艺人、除草工人、出租车司机、勤杂工、造型师、保镖、快递员、园丁、按摩师、大楼管理员、厨师、驯狗师、家教、球童、网球教练或是骑马教练都能招之即来。他们会在你睡觉前悄悄地离开这个"极乐世界"，而且离开的时候会用身上的水壶给他们的孩子装些饮用水回去。高尔夫草坪外的世界里，爆炸声一整夜响个不停。

约翰内斯（作者本人）的 4.0 经验

几年前，我在加拉加斯拜访了一位朋友。他和他的大家庭住在这样一个"极乐世界"里。至少按照委内瑞拉的标准是这样。最先进的安保技术、栅栏、路障、高墙以及大量的德国牧羊犬和杜宾犬在为这颗豪华明珠保驾护航。

所有窗户前的巨大防盗网让我感到特别不安。"我是在加拉加斯，而不是在恶魔岛[①]！"我这么想，并要求他们允许我晚上出门散步。"你疯了吗？"他们齐声喊道，惊恐多于疑问。他们都显得很震惊，于是我只好待在庄园里。他们问我是否认为庄园里还缺少了什么。我心想："当然是休闲的自由。"但我嘴上说："什么也不缺。"

在委内瑞拉购物时，你会去一个同样戒备森严的购物中心。一旦进去，你会感觉就像在休斯敦或者莫斯科一样，唯一的区别是那里的警察没有配备枪支。在这里，所有东西聚于一个屋檐下，这是在苦难中的一片消费绿洲。

在去的路上，我在一盏红灯前停下车，这再次引起了车内乘客的惊恐。在加拉加斯，这是有生命危险的，因为街头帮派经常在十字路口专门等待他们的受害者。就像我这样毫无戒心地遵守交通规则的人，也可能成为受害者。每天都有人因为一双还算新的阿迪达斯运动鞋而丧命。我看了看自己的鞋子，踩下了油门。

这种现象在欧洲以外的地方几乎都可以观察到，而且还在变得更普遍：将幸福的人隔离在一个自我封闭的区域中，而这些地方被

[①] 美国旧金山附近的一座小岛，因曾设有一座防备森严的监狱而闻名。

冠以"极乐世界别墅""皇家公园门户""天堂尽头小屋"等毫无品位的名称。在古希腊，极乐世界是哲学家伊壁鸠鲁（Epicurus）及其追随者的充满快乐和变化的花园。然而，极乐世界在伊壁鸠鲁的门徒看来并不是因为命好或者通过把不幸的他人排斥在外而获得幸福的地方。今天，失败者被剔除出局，在某个地方悄无声息地退出经济舞台，他们尽可能少地造成干扰，也尽量少引起麻烦。但是这种局面正在发生变化，就像我们将在下一章看到的那样。

总结

在今天的工业化国家，有 2/3 的人口比他们的父母辈更贫穷。而第二次世界大战后的情况是恰恰相反的。尤其是单亲母亲，现在在德国的大学城中过得非常艰难。未来，只有少数人将拥有那些几乎可以做任何事情的机器人。我们正处于一个前所未有的不平等时代，介于无能为力和巨大影响力之间。赢家和输家之间的鸿沟正在迅速扩大。不断扩张的平台经济将进一步推动这个过程。

未来，当超级富豪开始将他们的财富投资（隐藏）于加密货币时，他们将完全脱离地球上其余 99% 的人的经济循环。而最顶尖的 1% 的人一直在狂欢，并且在社交媒体上进行现场直播。他们可能在游艇上相互致意，也可能在自家足球俱乐部的包厢里高高在上地挥手示意。他们享受着无忧无虑的全方位套餐，无论在海上还是在陆地上。他们无论身处何地，总是被彬彬有礼的"仆人"照顾着，这些人现在被称为"服务阶层"或"在线日工"。

为什么"赢家吃大头"的经济会让我们越来越焦虑?

因为这个世界极度不公平。因此,我们一直在追求一种对于大多数人——除了少数天选之子、家族唯一的继承人、天才发明家、有远见的风险投资家、组织严密的罪犯——来说仍然难以实现的成功。然而,在未来几年里,这种成功将变得更加难以实现。随后,我们会越来越焦虑地在自我中找寻失败的原因,而不是寻找这个体系的问题。

因此,我们试图通过防御机制来否认数字化市场的残酷法则以及日益不公平的资源分配。在极端情况下,这类似于斯德哥尔摩综合征,受害者与施害者结盟,崇拜他们,甚至爱上了他们。随后我们越来越感觉到,这一切都归咎于我们自己,我们的懒惰、无能和失败——我们与一个能接纳并安慰我们的群体缺乏联系。这种情况下我们可以说是患上了排斥性神经症,因为我们不再与事实上的排斥作斗争,而是为此自责,感到羞愧,进而沮丧、退缩,最终放弃,就如同我们将在第 17 章看到的那样。

几乎没有人能够解释他们的失败,而只有那些主动进攻的人才能在媒体上获得关注。大量的人因压抑而精神迁移[①],他们看不到出路,他们常常被潜藏的、逐渐蔓延的所谓"隐藏性抑郁"所折磨,而我们几乎听不到他们的声音。

---

① 指个人或社会群体对自己的国家和文化有疏离感。

我们能做什么？

我们应该投资于教育，使人们有能力更长时间地承受数字自动化的挑战。我们应该促进我们内在的人性本质，并在他人身上发现和重视它——这也需要在经济上加以促进，并慷慨地予以奖励。

那么，如果我们已经患有抑郁症，我们应该怎么做？我们需要接受治疗。至少在德国这样的国家，它是世界上为数不多的通过法定医疗保险全额支付心理治疗费用的国家之一。在其他大多数国家，被抛弃的人和抑郁症患者甚至无法负担专业治疗的费用，或者因为工作和照顾孩子而无暇处理自己的心理问题。

9 愤怒焦虑

＃网络环境越来越糟糕了？

越来越多的人将"攻击性"作为对持续的、小的、日常的挫折以及深深的、日益增长的无力感的一种防御。这种感觉像是无法掌控"美丽新世界"一样，如同著名科幻作家奥尔德斯·赫胥黎（Aldous Huxley）小说中的场景，我们无法跟上步伐，也无法与之竞争。名为"美丽新世界"的豪华俱乐部似乎设置了越来越严格的门槛，让能进入的人越来越少。

"你不能进！"

"为什么？"

"看看你自己就知道了。你仿佛是从20世纪走出来的。离远点儿！"

我们往往无从得知为什么我们没有得到贷款或没有得到某个职位。谁能解释一个不幸导致负面结果的算法呢？也许是我选择了错误的社区，或者是我的邻居们财务透支了。在德国，征信机构的算法也考虑到了这些因素。通常情况下，我们无法通过电子邮件申请获得个人被拒绝的具体原因。

我失败的原因是什么?有谁能告诉我呢?

其他人成功的原因又是什么呢?谁能知道呢?

愤怒的时代和互联网里的常客餐桌

正如印度文化评论家潘卡吉·米什拉(Pankaj Mishra)在他的《愤怒的时代》(*Das Zeitalter des Zorns*)一书中所解释的,越来越多的愤怒是可以理解的。愤怒是不断蔓延的异化和缺乏归属感的结果。尽管全球资本主义让一些人变得富有,但也让人们看到了收入和机会的巨大不平等。许多人别无选择,只能"在社会的丛林里戴上快乐的面具"。

然而,对许多人来说,戴上快乐的面具已经不够了,他们越来越多地表现出愤怒、仇恨、反叛和恐怖的狰狞面孔。愤怒的公民隐藏在快乐的面具后面,他们将真实感受藏在心底,只在最亲密的圈子里或者在常去的酒吧柜台前分享。作家伊乔马·曼戈尔德(Ijoma Mangold)称之为"内心的酒吧柜台",这些人正在越来越多地成为愤怒公民。

与几十年前相比,一个有主权、有尊严、能自我决定和整体来说相对成功的生活似乎更难实现。曾经让人过上无忧无虑中产生活的工作逐渐消失了。即使经过长时间的再培训,这些工作也不再能带来以前的繁荣。社会认可度也受到影响,这往往是更为沉重的问题。

如今，通过更全面地构建我们彼此之间以及与世界的关系的电子网络，我们被永久地、羞辱性地提醒着这种衰退和我们有限的能力，以及我们低下的个人力量。与此同时，我们也不断地被提醒，在遥远的国度，特别是亚洲，有新的超级富豪和新的中产阶级在崛起。

危机中的赢家和堆积如山的债务

特别是2008年的世界金融危机——由金融服务供应商雷曼兄弟的破产引发——一夜之间加速了这种发展。多年来，不良贷款在没有充分了解借贷人的实际情况的情况下被发放。即使是尚未还清贷款的房产，也会因其（虚构的）增值而获得新的贷款。没有人意识到不断增长的房地产泡沫，其中充满了不良贷款。

在这种情况下，"金融服务供应商"这个词几乎是可笑的。"金融服务骗子"可能是一个更合适的职业描述。因为一夜之间，无数人失去了他们的养老保障，孩子们无法再读书，越来越多的美国人从此过着露宿街头的生活，我们将在第20章看到这一点。中产阶级的大部分表面繁荣只是由信贷资助的假象，一夜之间就烟消云散了。

超级富豪的损失也是痛苦的，但他们的生活条件并没有明显地改变，即便有所下降。此外，他们通常也在全球范围内经营，所以能够更好地适应市场的转变。有些人——比如杰夫·贝索斯——甚至成为危机的大赢家。亚马逊创始人建立了一个又一个仓库。突然间，大量失业者在这家网上邮购公司找到了工作，签署了近乎压榨的工作合同，忍受着糟糕的工作环境。在全球金融危机之前，大多数人都会拒绝这些岗位。然而，对他们中的大多数人来说，这份工作变成了一个仓鼠轮，而不是一个职业阶梯。

然而，这些金融机构越来越多的债务真相被血淋淋地暴露在大众面前。可怕的事实是：所谓的"大而不倒"①现在被挂在每个人的嘴边。因此，"金融服务垃圾"当然进一步加剧了（前）中产阶级的愤怒和仇恨。这种愤怒一直持续到今天。

当前社会面临着一系列挑战，其中之一是在小型企业时代，能够个人实现的机会越来越少。人们对消费品的渴望与中产阶级的购买力逐渐背离；虽然人们有着各种生活计划和梦想，但跌倒后重振的空间越来越有限。社会上对地位象征和品牌的需求不断增加，但非犯罪手段获取它们的途径却逐渐减少。人们更多地在网络中追逐名人，而在现实生活中的亲近感却逐渐缺失。社交媒体中的愤怒情绪进一步升级，妥协的空间也越来越小。这导致了正在摘取晚期现代性最佳果实的精英阶层和增长的贫困化的大众之间日益扩大的差距，进一步加剧了社会的紧张。根据米什拉的说法，贫困阶层正日益退缩到一种"苦涩的残暴"之中。

同时，我们也可以观察到这一矛盾升级的下一个阶段：对于被忽视和无能为力的人来说，痛苦的退缩已经不再足够。现在，一些愤怒的公民正演变成暴民，散布煽动性言论、迫害他人、制造威胁、进行诽谤甚至实施暴力行为。全球化的生活方式对比，特别是数字媒体的普及，无疑加剧了那些在全球竞争中感到处于弱势的人的攻击性。

---

① 政客为了救助银行常用的措辞。

谁从愤怒的行业中获利

因此,越来越多的人在不同的场景中都感到了愤怒的情绪,无论是在街头巷尾、联排别墅中,还是在城市租赁花园①里。然而,面对这一切,大型科技公司采取了什么样的行动呢?事实上,他们几乎没有采取任何实质性的举措,因为他们从这种社会不满中获得了丰厚的利润。

我们曾经介绍过弗朗西丝·豪根,她曾在脸书旗下的"公民诚信"部门工作,这个部门本应负责处理可能危害社会稳定的问题,但在 2020 年便被解散了。

豪根指出,脸书用户更倾向于在其信息流或个性化的新闻订阅中看到令人震惊、挑衅和令人不安的内容,因为这能增加他们在平台上停留的时间,提高广告触达率。挑动情绪的内容会增加用户停留时间和活跃度,那些引发公众情绪、震撼人心、激起愤怒或不安的帖子会让用户在该平台上停留更长时间,进而看到更多广告,从而让脸书获得更多收益。豪根指出,这就是为什么脸书只有在公关危机爆发时才采取行动。正因如此,她感到有义务将这一问题曝光出来。

如果不通过制造嫉妒、愤怒和仇恨来增加用户活跃度,脸书的收益将大幅减少。然而,即使如此,公司仍将获得巨额利润,只是不再是疯狂的数额。如何解决这些问题?豪根在采访中提到,第一

---

① 德国的一种花园租赁形式,城市居民可以租赁位于城市里的小型花园来满足自己的园艺需求。

步是必须将所有事实公之于众,这是重新开始的唯一途径。因为脸书已经无法控制它自己创造的怪物了。

志同道合者的信息茧房

网络上的阵营分歧日益加深。信息茧房越来越封闭,使志同道合的人倾诉愤怒、怨恨或恐惧,相互之间的情绪也在不断升温。与此同时,感到被抛弃而愤怒的公民(或者至少他们自认为如此),与住在不断扩张的城市大都会区的新兴、灵活、适应性强的中产阶级之间的联系正在减弱,城乡差距也因此加大。在过去的20年里,特别是在亚洲,新兴富裕的城市中产阶级迅速崛起,而在西方工业国家,这一阶层却呈现缩小的趋势。根据法国经济学家皮凯蒂的研究,这一趋势可能会进一步加速。

如果我们拥有完全独立的信息茧房,妥协就会变得更加困难,因为人们开始谈论的不再是同一现实。因此,两个世界需要不同的解决方案,人们不再接受一种妥协性的解决方案。

总的来说,社会生活中机会和满足方式的市场化分布极不平等,而市场上的失败者却很难找到合理的解释。根据莱克维茨的观点,这种不平等常常侵蚀着失败者的正义感,因为他们感到自己的努力和成就被贬低了。

因此,这些情绪往往难以用语言准确表达,也不容易在海报上直接展现出来。在许多微小挫折的刺激下,无力感和被忽视的情绪常常交织在一起,似乎是日益增长的愤怒和不满的温床。

精英的生活已经与被边缘化的人们无关，反之亦然。对这些精英的情感投射导致一些人认为，他们对精英的衰败感到快乐，甚至是一种施虐狂般的享受。如果有人真的有这种感受，那么导火索就已经短得可怕了。这些情绪点燃了之前长期积累的仇恨，最终爆发了出来。由于被憎恨的精英们通常都有着良好的保护措施，所以愤怒者往往会选择一名随机的受害者，将其视为精英的同谋或帮凶，或者认定其在以某种方式助纣为虐。

只有当被压抑的仇恨爆发出来时，才会成为新闻发布的对象，不幸的是，这往往会引发模仿者。任何关于仇恨犯罪的报道都是一个棘手的问题。这种报道方式是最不正常的炒作手段。而当精英们在观看晚间新闻时，会惊讶地摇头，觉得这仿佛来自另一个世界。

总结

戴着愉悦面具、将内心真实感受隐藏起来的人正逐渐转变为愤怒的群体，在全球联网的背景下，其中一些人演变出仇恨的倾向。他们越来越公开地表露出愤怒、仇恨、动荡和恐惧的一面。而随着时间推移，精英阶层掌握着晚期现代性的最佳成果，与生活在"残酷现实"中的大众之间的鸿沟不断加深，后者越来越多地表达了内心的不满情绪。通常情况下，对感知到的威胁的回避可能导致极端倾向，甚至可能演变成暴力行为。

为什么匿名批评会让我们越来越焦虑?

当我们以匿名或公开的方式表达最阴暗的情绪时,我们会变得越来越具有破坏性,也越来越缺乏同情心。那些发表仇恨言论的人会变得更加焦虑,因为他们不仅鄙视他人,还开始鄙视自己——至少是在潜意识中——这种情况需要被遏制,需要维持在潜意识中。而受到仇恨攻击的人也会变得更加焦虑,因为他们越来越感受到周围充满敌意的氛围,因此他们认为必须极端警惕地保护自己。结果就是普遍存在着焦虑的不信任,没有例外。

我们能做什么?

我们应当向警方举报每一条仇恨言论,并努力避免成为网上攻击的目标。同时,我们也要注意,不要认为通过澄清或辩论就能改变一些事情,使情况得到改善。大多数情况下,这样的尝试只会激化争议和仇恨言论。那些希望宣泄焦虑情绪的人,总是喜欢听到对立声音。然而,如果没有对立声音的回应,他们很快就会觉得乏味,而仇恨者通常会转向下一个受害者,就像寄生虫在寻找新的宿主一样。这也适用于(网络)跟踪行为。

10　错失恐惧

#我是不是又没跟上最新的热点?

现代的"好饿的毛毛虫"①是一个数字游民,一个通过互联网与整个世界相连、不断奔波游荡的游牧者。他们更喜欢不知疲倦地前进,受新事物的吸引,收集各种各样的快乐和体验,并将它们汇集在一起。这意味着过一种超级生活,只要有可能,就去追求。

无节制的焦虑表现在那些永远无法满足的人身上,他们不谦虚、放纵,试图获取所有可能的快乐和体验,但永远不会满足于已经拥有的。

两次世界大战之间的时代似乎与我们现在的时代一样,被赋予了极大的活力。然而,早期现代性对于数字时代的潜力一无所知,在这个时代,我们可以与几乎所有的人和事物进行比较,并将继续如此。尽管在 100 年前,大都市的人们认为喧嚣的"黄金 20 年代"是大胆而快节奏的,但事实上,当时对快速刺激的追求、图像的泛滥和无尽的冒险才刚刚开始。我认为许多陈述、小说和电影作品都

---

① 《好饿的毛毛虫》(*The Very Hungry Caterpillar*)是一本著名的儿童绘本。

表达了一种被过度要求而无能为力的感觉。随着数字技术的发展，这些过程突然加速了。

选择的痛苦

无数的可能性变成了选择的痛苦，这种情况不仅在过去如此，今天更是如此。因为我们仍然必须作出决定，这与 100 年前并没有太大不同。无论是在非洲卡拉哈里沙漠的沙丘上冲浪，还是在亚马孙雨林中与巨蟒搏斗，抑或是作为一个生活在社交媒体光环下的母亲，在生下 5 个漂亮孩子后依然保持绝佳身材——我们可以通过动态信息流或时间轴，跨越所有大陆和时区，不断将自己与他人进行比较，而且总觉得不够，总想要更大、更多。

我们渴望拥有一切，最好是一下子就能拥有。因此我们会看到这样的场景：一个身怀六甲的女性却拥有一生中最完美的身材，在沙漠沙丘上冲浪时带着特殊的安全气囊，以确保母子安全，当然，一切看起来都是积极的。然而，这种行为背后，也包含了个人利益。比如，她可能会成为博主，分享如何在怀孕期间保持性感身材的建议，甚至自称是"最性感"的身材，以及如何通过软广告轻松赚大钱。

与 100 年前不同的是，如今我们能够实时了解我们的朋友或世界知名人士、女明星正在经历或疯狂地做些什么——即使这些都是虚假的，也无关紧要。因为我们自己当前的生活通常是与这些完全不同的，通常情况下，并不那么令人兴奋。在家里，也许只有简单的粥或炒鸡蛋,而在卡拉哈里沙漠的野餐中,却似乎是应有尽有、一切完美。这似乎使数字游牧者看起来几乎总是自由自在的,即使他们正在上班工作。

对于我们来说,工作就是工作,有时休闲时间也像在工作。也许我的孩子刚刚踩到了钉子,或者车上的过滤器满了,警告信号正引人注目地闪烁。又或许我刚刚点击了一个恶意软件的链接,或者日常生活中的其他隐患再次挫败了我对超级生活的幻想。在这短暂的喘息间,如果我看到卡拉哈里沙漠的野餐或数字游牧者如何享受烤蟒蛇,我可能会突然尖叫:"何时我的生活也能变得如此有趣?"但也许我现实中只有一个撑着啤酒肚的男朋友或一个不会冲浪的女朋友,尽管他(她)有别的兴趣和特长。

这种处境不见得真的糟糕,但肯定会有其他的某些令人兴奋的体验和乐趣,正发生在其他地方。这使我们越来越难以接受自己的局限性,我们不仅要追求广度,还要深度。然而,对深度的追求需要坚定的恒心和专业知识,而对广度的追求则需要不知疲倦的躁动。真正的深度是对某个事物的平衡而全面的理解,而广度则希望能迅速涉猎尽可能多的领域。因此,在网络上我们可能会发现许多自称为"半吊子科学家"的人,他们向完全不懂行的人提供着半真半假的信息。

FOMO 和放弃厌恶

别人的生活看起来总是比我们的生活更精彩。网红帕里斯·希尔顿早已领悟到这一点。当被问及她的成功时,她淡淡地说:"嗯,我完全不知道怎么回事。这其实很简单:每个人都相信我的生活比他们的好。这就是全部。"

然而,对于处于劣势的人来说,这种比较加剧了他们对"可能错过更多"的恐惧。当我们看到那些在我们身上不太可能发生的事情时,我们的恐惧就会增加。我们担心错过了什么,害怕错过了太多,更害怕比别人错得更多。因为即使是在数字时代,我们的白天和黑夜的长度也并没有增加一分一秒,无法做到克隆自己或让自己变出四个分身。

因此,在全球紧密相连的网络中,对于错过的恐惧正在迅速增长。这种"害怕错过"(fear of missing out),简称FOMO(英文单词的首字母缩写),不仅仅是一种过眼云烟,它已经成为一种生活方式。近七成的千禧一代表示他们受到FOMO的困扰。这种病毒般的恐惧是"体验经济"背后的真正动力。FOMO旨在描述一种社会焦虑、恐惧和担忧,担心错过社交互动、不寻常的体验、热点事件或其他令人满意的事情,担心被排除在外。还有担心因为错过一些事而可能导致的不受欢迎,甚至长期被排斥和遗弃,对于某些人来说,这种恐惧影响深远。特别是在年轻的学生中,追求所谓的"打卡地点"和"必见之人",寻找"必做之事"和"必备之物",在我看来是非常普遍的现象。

错过机会的恐惧

社会学家海因茨·布德（Heinz Bude）以恐惧的经验概念为指导，描述了一个令人不安的伴随高度不确定性的社会。这种不确定性来自我们看似无限的可能性，我们往往容许自己陷入其中。海因茨·布德提到了"雷达人"[①]，而安德烈亚斯·莱克维茨则谈到了"晚期现代性个体的自我超载"。这种状态导致了一种"超越自我的势在必行"。晚期现代性的个体往往在不确定性中寻求满足，他们不愿被确定，也不愿让他人定义自己的身份。

在这种几乎无限的行动主义中，人们总是不断寻找新的活动和可能性，这往往是一种内在的驱动力。比如寻找新的旅行目的地或运动方式、不同的伴侣关系、异国情调的体验、不同的培训或职业，甚至频繁改变生活地点或社交圈子，这些都是他们持续追求的目标。在极端情况下，唯一不变的是变化本身。

但这种生活方式的目标并非在于享受当前所拥有的一切，而是激发个人潜能，不断突破自我边界——哪怕这意味着巨大的压力。这种过度努力在追求成为受欢迎者的同时，也造成了不断的自我否定和对个人需求的忽视。

这种生活方式的衡量标准在于不加节制地追求生活的多样性和丰富性。然而，随之而来的是选择的痛苦，即随着选择的增多，痛苦感也随之加剧。最终，这种不断尝试新事物的机会演变成了一种强迫症，成为一种对新事物永不满足的渴求。

[①] 德语中指那些生活井井有条，对一切事务了如指掌，如同有一个内置雷达一样的人。

遥不可及的生活期望

社会学家安德烈亚斯·莱克维茨将这种对自我实现的过度追求描述为"晚期现代的人们面临的巨大困境"。对于城市中心的新中产阶级来说,日常生活的每一个环节都不应该仅仅是达到目的的手段,而应该被赋予情感上的满足和主观上的意义。在这种期望下,挫折几乎是不可避免的。

莱克维茨认为,自我实现的文化成了负面情绪的制造者。晚期现代文化强调成功和成就,但也是一种脆弱的自我文化,因为它建立在对满足永无止境的增长逻辑之上。有趣的是,诸如"自给自足"之类的词汇在德语中几乎消失了。相反,"必须做"和"必须有"的理念消解了闲暇、漫步或放空的想法。放松本身成了"必须做"的一部分,瑜伽馆成了"必须去"的地方。

莱克维茨写道:"在光鲜的宣传之下,晚期现代文化围绕着积极情绪的金牛跳舞,同时暗中滋生着相当强烈的负面情绪,这不是偶然,而是系统性的。"这些负面情绪主要源于对预期和现实之间差异的失望。

这是现代通信技术无法解决的冲突。人们对生活的期望增长速度超过了生活现实的改善速度。从1950年的25亿人口增加到2020年的78亿人口,相当于变成了3倍以上。也就是说,对生活的期待变为之前的3倍,但生活质量却没有改善,而且资源变得更加稀缺。

在过去70年里,人们对生活和生活方式的渴望和期待不断增加,尤其是在电视和互联网的推动下,从奢华生活到外太空的体验都成为可能。人们通常认为只有自己没有这样的超级生活，大多数人都有。这进一步助长了"害怕错过"的情绪。

对生活的过高要求

社会学家莱克维茨描述的"浪漫—地位悖论"的文化历史可以追溯到19世纪。当时，许多富裕者渴望过上自由的艺术家生活（因为19世纪的艺术家较多贫困），而许多艺术家则渴望享受富足生活和更高的社会地位。在晚期现代社会，这种曾经只影响到相当狭窄圈子的困境，现已成为整个社会关注的焦点。

这种困境的结果就是对生活的过高要求。在人类早期几个世纪里，一方面是追求自我实现、艺术表达和自由，另一方面是追求经济上的成功、社会地位和声誉。极少数人尝试兼顾两者，但成功者寥寥无几。今天，数以百万计，甚至数以十亿计的具有创造力的自我推销者试图解决这个悖论，但很多都以失败告终。在过去几十年里，这些失败者和感到沮丧的人不断增多。

通常情况下，在青少年期和成年初期，这种生活规划似乎还是可行的，但如果遇上意外事件，比如大流行病的发生，一切可能在一夜间崩塌。油管上有许多关于这方面的"真实谈话"，讲述了一些失败的故事。

这背后常常是对生活的期望，希望并努力体验高强度的生活，避免任何形式的时间浪费。重复性的常规工作被交给服务阶层完成，而个人保留下来的时间则被视为高质量的时间。如果一个地方似乎无法提供更多的体验，人们会带着行李去寻找新的机会。然而，这种精心策划的"高质量时间"有时会让人失望，因为所期待的体验未必如预期那样强烈，这种过高的期望往往导致巨大的失望。

这种强调自我实现的文化赋予了我们对生活幸福意义的前所未有的关注。莱克维茨认为，我们最近才开始更加重视这种幸福。过去生活形式的质量更多地通过客观标准来评估，如收入、家庭声誉等。而如今，由于对个人体验、追求真实和自我实现的渴望日益重要，对生活质量的评估变得更加复杂和高度个性化，也更加脆弱。因此，即使拥有正确的外部条件，也不能保证带来积极的体验。即使原料都是正确的，一道菜的味道也不一定就好。

在数字时代寻找牛奶与蜂蜜之地[①]

这是典型的晚期现代理念，即主体希望尽可能多地从他的经验中汲取营养，尽可能多地品味整个生命的充实，并对其有高要求。因此，人们永远不可能满足于曾经找到的生活方式，而是不断地寻求新的、惊心动魄的、不同凡响的挑战，并且尽可能减少平凡日常生活中的例行公事。最理想的生活状态是不存在哪怕一分钟的无聊和无所事事。

对新事物的嗜好变得贪得无厌，理想情况下，一切都应该是有

---

① "牛奶与蜂蜜之地"是各种文学作品中虚构的一个地方。在那里，一切资源都很丰富。

趣的、带来快乐的，且完全不应该有任何只是履行职责和让人讨厌的例行公事。但例行公事也有放松的功能，总是想要安排有乐趣的事情会蜕变成永久的"社会压力"，正如我的病人所说："赫普先生，你可能想象不到，但总是处于好心情，总是超级快乐，让每个人能在兴头上，这可能是相当大的压力！"

晚期现代性主体文化的自我实现从根本上说是一种积极情感的文化。我们的愉快感受、无痛享受和主观体验是衡量整个生活质量的试金石。但是，即使是命运的最小打击也会使梦想的宫殿轰然倒塌。有疾病和死亡，有地震和暴雨，有病毒和寄生虫，资源有限，每个包装上都有有效期，这样的生活必然会挫败这种对个人自我实现的过热追求。即便在 21 世纪，数字病人仍然要死亡。即使在今天，许多苹果里也还会有虫子。无论多么可观的好运都有耗尽的那一天，每一种巅峰体验最终都会在真相谷底谢幕，在地球上没有什么是完美的。关于这一点，几个世纪以来哲学家的意见都意外地统一。或者像记者库尔特·图霍尔斯基所说的那样："总有什么让你不能如意的。尽管放心吧，每种幸福都有一点不完美。"我们为什么要为那些无论怎样也改变不了的事情心烦意乱呢？

这种对包罗万象的完美生活的贪婪，伴随的是对放弃的显而易见的厌恶。在晚期现代主体文化的眼中，放弃是不好的东西。这似乎是一个生活的基本原则：整个人类生活里所有能够体验的东西，在自己的生活里都必须去体验。

走出这个螺旋的方法是与我们的情感保持更多的清醒距离，变得更加不受它们影响——既包括消极的情感也包括（做起来更难的是)积极的情感。莱克维茨认为，只有通过有意识地与自己的情感保持距离，而不是通过更加疯狂地追寻积极的情感，才能成功地退出"晚期现代情感文化"。

巅峰体验是感情的巅峰

美国心理学家亚伯拉罕·马斯洛（Abraham Maslow）提出了"巅峰体验"的概念，指的是超凡的、最强烈的积极体验。他被视为人本主义心理学的奠基人，带动了积极心理学的发展。在马斯洛的思想影响下，"人类潜能运动"首先在美国兴起，并逐步发展。在这个运动中，个性发展和生命潜能一直是关注的核心。根据马斯洛的观点，如果人的这一重要核心被否认或受挫，就会导致心理疾病。因此，他主张人们应该认识到自己的"内在自然"，并自由地实现其潜能。

人本主义心理学派（过度）强调个人自我实现的权利，在嬉皮士文化出现之后也推动了许多积极变革。然而，我观察到这种发展现在似乎已经出现了反向的极端，这是马斯洛在 20 世纪中期未曾预见的。如今，这种现象并不罕见：如果某件事物只能引发平淡的情感或根本没有情感反应，人们就会认为这个状况是令人不满意的。然后，个人自我实现的权利就演变成了对无限制、放纵自我的渴望，一种追求自私偏好和（不切实际的）期望的无节制生活。

在这些发展中，我甚至发现了一个联系：自愿接种疫苗是一种社会责任，是为了群体的健康和幸福，但这种理念因为上述发展的影响已不如半个世纪前那么容易被理解和接受了。然而，正是通过强制和广泛的疫苗接种，人类才能在全球范围内消灭了天花这样的疾病。

包罗万象的万能天才

"雷达人"相信他什么都行，或者什么都能沾点边。例如，一个时髦的父亲，在阿尔卑斯山上买了度假屋，总是在潮流前线，但又能心如止水地在地毯上陪孩子玩耍；他身材一流，但又是个大厨和吃货；而且很会赚钱，但不会有过度的野心，慷慨大方且出手阔绰，但也懂得如何持家；有聚会时他能尽兴庆祝，第二天早上又能早早地坐在笔记本电脑前投入工作，他从不会忘了每天做10分钟瑜伽和午睡；他总是紧盯着股市，但在周末，他在书房亲手写下"抓住当下"或"顺其自然"；他走南闯北，但又牢牢扎根于他的故乡；与孩子的母亲绝对平等地交替育儿，但又每周抽出时间与朋克乐队进行长时间的疯狂排练；夏天他和孩子们一起去放风筝或冲浪，冬天去滑雪；他有一辆用于家庭旅行的多功能车，还有一辆双座跑车，然而，当孩子们和母亲在一起时，他就开着跑车带着新的约会对象到处狂飙。

以上描述了患有FOMO的一些新型个案，他们在经济上有足够的能力承担这种疯狂的行为。即使经济条件不宽裕，他们也会以类似的宽泛而矛盾的方式来满足自己的需求。一些人甚至会因此累积巨额债务，以维持超出经济承受能力的生活方式。

单身母亲的情况也大致如此,尽管需要协调的矛盾可能略有不同。例如,单身母亲通常期望找到一个脚踏实地的伴侣,能够和孩子以及宠物共度时光。不过,她同时也希望伴侣具备很强的独立性和一定的胆识,最好是没有自己的孩子,但又具备与她的孩子相处的天赋。

而对于单身人士而言,寻找梦想中的伴侣常常使他们陷入矛盾的迷宫。在我的诊所,我采用了"梦想伴侣主义"来描述,这也是一种似乎正在逐步激进化的"主义"。我心中幻想着的、虚拟的梦中伴侣,应该像机器人"哈莫尼"一样,可以根据需求进行配置。一个人不必成长进步,而是可以期待另一半完全弥补自己的不足。在如此众多的选择中,她或他将在世界某处被找到,就像是一个极为罕见的乐高零件,必须完美契合自己。无论是在互联网的某个角落还是遥远的大陆上,她或他都已经在等待着,将我们从所有的恐惧和自卑中解救出来。

这其中也包括对"必须选择并承诺忠诚于一个人"的恐惧。这种恐惧可能类似于幽闭恐惧症。有时也被描述为对一些接触的恐惧:"即使是问候时的拥抱也太长了!我觉得好像电梯被卡住了一样。她或他不断地想拥抱我,想在我身边。"患有 FOMO 的人报告说他们在这类时刻迅速产生了狭窄、被约束和受太多限制的感觉。任何形式的约束本身都显得消极,几乎是强迫性地要去避免。界限和限制只有在非常困难的情况下才能被接受。

如果这个决定是错误的呢?或者只是第二好的?"对不起,但他不是我的灵魂伴侣。"他们通常这么说。在这里,我说的是强烈的"知音主义"。或者他们说:"她就是不合适。她并不差,只是不完美。我有一种奇怪的感觉,觉得有一个更好的人在等着我。我想我应该先去环游世界,找到自己。你怎么看?也许我更适合南欧?这里的人对我来说都太俗气了!"

我在慕尼黑的一个诊所工作时,常常听到这样的言论:"其他城市提供了更多的机会,在那里可以找到更多元的文化,你可以在那里遇到更多有趣的人,与他们交谈也比与慕尼黑的精英人士沟通容易多了,你永远无法真正地与慕尼黑这些人熟络。"奇怪的是,他们梦想中的伴侣总是住在另一个城市。

显而易见,持续和成功的治疗当然不能用 FOMO 的生活方式来实现。经常有人问我是否可以通过在线视频方式继续进行治疗。从理论上讲可以,但在实践中,这样的治疗很少能带来什么,因为不适度的和致病的生活方式依然在持续。你不可能拥有一切,这是这个世界上的一个重要且不可或缺的经验,弄明白它才能让一些事情有所好转。

貌似共存的矛盾

我认为,成长进步需要毅力和勇气。否则我们就会在心理上挨饿——就像宠物犬一直无法在两根香肠之间作出决定,不断地来回纠结,最后一根都吃不着。在极端的情况下,这只宠物犬可能会因为极端的 FOMO 而在两根香肠之间饿死。

这种情况也的确在发生。我的病人报告说,尽管风流韵事无数,但内心孤寡寂寞;有的人背包旅行走南闯北,但内心仍空空如也;

纵然美味佳肴满桌，却从未能享受其滋味。他们还报告说，即使获得了各种证书奖杯，但仍觉得一事无成；尽管社交广泛且点赞无数，却没有几个知心好友；尽管实习经历无数，却找不出任何职业抱负；尽管有过各种各样的享乐，却没有体验到任何快乐。即使是极限运动对他们来说也在慢慢变得无趣，他们只有在极限运动中还能以某种方式感受到自己，但现在这种感觉也在不知不觉地消失。

因为这就是问题所在：即使是追求刺激，想要达到最初的效果，就得不停地加大刺激的力度。但我们不应该不断增加剂量，而应该长期投入，遵从于它，做得更少一些，做得更持久些。

如果你相信挥霍和自律以及其他此类矛盾可以共存，且不必在两者之间作出选择，那么，这只是一种错觉。但如果不做决定，结果通常是精疲力竭：理论上应该是快乐的生活，但事实却并非如此。

当人们能极大限度地顾及生活的方方面面，大概就会称之为"幸福的生活"。"人们可能会说我很幸福。但是，是的……我相当幸福，我想，人们会说……"这就是我在诊所中常听到的声音，而病人看起来很悲伤，完全疲惫不堪。然后他们经常问："赫普先生，你认为我已经患上倦怠症了吗？我觉得自己完全油尽灯枯了！"然后我通常会说："不是，是FOMO。"今天，倦怠已经堕落为一个空洞的词语和被社会广泛接受的诊断，人们更愿意患上的是倦怠而不是抑郁症或者是病态的体验性贪婪。但是FOMO是自找的，一旦你意识到其中的联系，就可以迅速解决。

扔掉智能手机——也是一种解决办法

英国流行歌手兼作曲家艾德·希兰（Ed Sheeran）7年前突然意识到了这种联系，从此任何人想要联系他都必须写一封邮件。在一档播客中，他解释了为什么他决定扔掉智能手机——因为手机对他的心理健康产生了重大影响。希兰说："我对手机感到非常、非常不知所措和难过。我一直感觉非常糟糕。"立即回复信息的压力让他特别"紧张"。他说，没有智能手机的生活最好的一点是，"我可以和我爱的人一起享受私密的时刻，不受干扰……我没有中断与人们的联系，只是变得更少了。"现在你只能通过电子邮件联系他。"每隔几天，我就会打开我的笔记本电脑，回复10封电子邮件。"希兰解释说。"然后我就继续我的生活，而不会感到不知所措。"听起来真的不是那么困难。

总结

错失恐惧往往会导致对新鲜事物的强迫性追求。受到FOMO的影响，世界上各个角落的人几乎不可避免地会感到挫败。数字时代的人们相信自己拥有无尽的可能性，或者至少可以成为一切的一部分，并且（似乎）能够平衡生活中的各种矛盾。但在这个过程中，他们真实的感受如何呢？一个长长的"必须去做"和"必须拥有"的清单，成了寻找失去的时间和意义之路上的绊脚石。

为什么对放弃的厌恶感会让我们越来越焦虑？

在一个充满地震、瘟疫、疾病和死亡的世界里，要避免放弃和遭受痛苦是不可能的。这是因为在这个受自然法则和命运掌控的世界中，作出选择就意味着不可避免地放弃其他选择。如果我们无法接受痛苦和放弃，我们就会变得越来越焦虑。

过度追求一种能够长久幸福、自始至终积极乐观、没有痛苦只有完美选择的生活，终将走向虚无。或许我们会陷入对梦中伴侣的痴迷之中。对于这个梦寐以求的伴侣，我们似乎无须作出任何选择，不需要作出取舍。只要我们拥有梦想中的理想伴侣，就能得到心中所想的一切。这是我们投射的愿望和想法。

但现实世界并非如此安排，也永远不会如此。因此，每当我们不得不再次放弃时，我们的反应就会变得越来越焦虑、沮丧和烦躁。如果杯子不是满的，我们就会越来越觉得它完全是空的。

我们能做什么？

珍惜眼前拥有的东西，而不是追求难以得到的东西。着眼于当前能够掌握的事物，而非幻想未来的可能性和意外事件。我们不应该奢望大奖的降临，疯狂地追逐它，而应懂得知足，调整对自己和他人的期待，更加务实。

生活并非全黑或全白，而是由无数灰色调构成，受到现实的限制。按照存在主义哲学的理念，有意识地接受这种有限性，可以摆脱焦虑的紧张，获得内心的宁静（这是唯一有效的慢下来的方式）。学会知足常乐，从日常小事中发现满足感，体会对我自己重要而非他人看重的事物。

这种或许他人并未注意到的快乐，是我们自身以前从未察觉的。我们应该学会享受现有的一切，而不是沉迷于那些可能但并不确定能够获得的东西。

11　数据化焦虑

＃健康和快乐可以被打分吗？

收集和分析个人活动数据越来越盛行。所谓的"量化自我的运动"渐渐渗透我们最后的私密领域，用赤裸裸的数字来"测量自我"，涉及身体的每一个角落和缝隙。如今，我们每天追踪自己的体能表现，用各种应用程序计算卡路里消耗，或者监测我们的睡眠质量。病人们会向我展示他们的智能手机，并说："您看，我的电量已经用完了。"他们所指的不是手机，而是自己的身体。

一位病人购买了一块智能手表，安装了一个应用程序，承诺可以显示他的疲劳和精神倦怠程度。他晚上常常为工作和债务问题而焦虑不安。在他的噩梦中，追债人手持弹弓追着他穿越整个慕尼黑，因此他的睡眠质量很差并不奇怪。他的新智能手表显示他"深陷红色区域，濒临倦怠崩溃"。然而，如果不能解决债务问题，即使有智能手表也无法让我的病人摆脱红色区域。因此，我们必须开始采取行动。

生命的测量

现如今,对于我们的"表现"已经有了全新的衡量标准:它不仅记录了我们的成就,还记录了我们的失败程度、疲惫程度,以及与高水平表现者相比的"差距",或者与前一天或无噩梦夜晚相比的表现。这种衡量早已不再局限于工作领域。如今,我们不仅仅关注工作表现,还包括亲密关系表现、孩子生日派对上的表现,以及各种休闲活动中的表现,比如在舞池中跳舞或是滑雪板上的跳跃。每一次动作都被特殊摄像机记录下来,并测量跳跃和下落的高度。过去,这种做法仅限于为冬奥会做准备的专业运动员。但如今,所有热爱滑雪的人都如此,他们不只是为了娱乐而滑雪,更是为了展示一场精彩的"特技表演",并在日落前将视频剪辑好、制作好、调整好,然后在"特技滑雪"社区中发布。

无论我们做什么,现在都有多个应用程序可供选择,声称能够客观呈现一切情况——精确到小数点后的数字——展示我们做得有多出色或不足。当然,我们总觉得还可以做得更好。这时的"击败自己"通常并不是字面意思上的,除非我们是在看《无厘头科学研究所》(Science of Stupid)节目的片段。这档节目用科学解释真实的愚蠢行为(通常是由于愚蠢和疏忽导致的受伤、摔倒、坠落等),而那些最惨的和最愚蠢的行为往往还能引来满堂喝彩。也就是说,即使在自我伤害方面,"衡量表现"的观念也占据上风。

随时随地都有可能

职业和业余、工作和家庭、办公室和住所之间原本清晰的界限逐渐模糊,给人们带来了越来越大的心理压力。如今,越来越多的事情可以通过笔记本电脑或智能手机处理,无论是在家中还是雪场的缆车上。

我还记得,2003年,我惊讶地看着一个在伦敦一家投资基金工作的朋友,在缆车上掏出他的黑莓手机,不顾北风凛冽,脱下手套,用颤抖的手指按下小小的按钮,一路回复电子邮件,直到终点站。我站在他身边,穿过浓雾和岩石,感觉自己就像《星际迷航》(*Star Trek*)中的副驾驶,因为柯克船长需要及时传达信息到伦敦,不得不采用应急预案。

近20年来,雇主要求员工几乎全年无休地待命的情况已经司空见惯。有些人可能是老板或主管,他们在缆车上突发奇想,想到一个可行的点子,就迫不及待地向下属发号施令,增加了工作压力。通常情况下,成功是有代价的。很多时候,工作和生活、公共和私人之间的分隔线已经变得模糊。你可能总是在工作,不断地瞄着你的智能手机。你甚至可能在晚上回复电子邮件,不断地用照片来宣传你的公司或业务,以进一步提升公司形象。

在理论上,我们几乎总是有事情可做。时刻准备着,为了成功和形象,总是为自己的公司尽职,却很少为自己的福利工作。在全球性公司中,还有一个时差问题,员工经常需要在晚上回复电子邮件。他们会说,世界另一端的竞争者也不怎么睡觉。

病人们需要重新学习如何不过度工作,不要满世界地寻找动机,或者周末一定要有所安排和计划。在治疗之初,这样的想法对一些人来说简直是可怕的。我们必须重新学习无所事事,例如,关闭手机和——更困难的是——偶尔关闭大脑,不要总是想着新的项目或改进,而是获得足够的睡眠,重新愉快地享用食物,有时间和精力享受生活。患者必须学会重新作为智人过上与物种相适应的生活,而不是作为数字智人(在脑子里)一直不停地工作,并在心理上长期保持一种戒备姿态。这是紧张性头痛的一个常见原因。

活动不再局限于白天。在大城市,你甚至可能在晚上比白天错过更多的事情。轮子转得太快,耳鸣、神经性眩晕、心因性眩晕一点儿也不罕见,当然,睡眠障碍也很普遍。当一个人在日常生活中太少(或从未)能放松和抵达心灵的宁静时,睡眠就特别脆弱。

一切都是竞争

我们在生活中越多的领域想要并得到硬性的数字,我们就越难以听从我们的身体和感觉,纯粹主观地问自己当下的感觉和真正的需要是什么,以及这种感觉可能意味着什么。我应该从愤怒、悲伤、欣喜、疲惫或痛苦的爱情烦恼中得出什么结论?所有这一切,数字都无法回答。

从心理学的角度来看,生活中不同领域边界的模糊是压力的来源。网络上总有某个人有更高的分数、更好的评价或更好的表现。一切都变成了一个排名,一切都可以被比较,一切都还可以再提高。

量化神经症希望每件事都能用数字来衡量,每个人都有数字,不管男人还是女人，而且现在的每一种生活情景，甚至将来的每一种生活情景也都可被打分。正如我的病人所说，一切都变成了工作，演变为了"竞争"。只有在很少的情况下才能找到放松和安宁的生活。反过来说，如果一切都要以"成功"这个标签来衡量，那么人就可能在生活中遭遇各种失败和挫折。这是非常令人疲惫和紧张的。这种持续的竞争会让人生病，身心健康都会受到影响。

更健康和更强壮当然总是可能的

因此，在健康和保健行业蓬勃发展的市场中，"健康"不再仅仅意味着"没有疾病"。伴随这一发展的是对健康状况进行快速量化的推进。所谓的"健康分数"，即用于评估健康状况的标尺或积分系统，正变得越来越流行。例如，自愿分享健身数据已经能够获得医疗保险公司的折扣奖励，还有很多人用个人健康监测来治疗自己——可以说是自我治疗。然而，这种做法存在一定的风险性，无论是对身体还是对心理。

相应的分数不仅仅针对疾病，更多地关注所谓的"生命参数"，以及对健康意识（或者威胁健康的行为）的提示。一个简单的问题："医生，我是健康的还是有病的？"现在变成了："我是否足够健康和性感？还是说我已经变得不那么吸引人了？"然而，健康分数从零到无穷大，并没有"足够好""足够健康"或"足够有吸引力"这样的划分。如果这样的标准能让人放松一些，那还好。但现实情况是，你已经成为递增逻辑的一部分，总是有事情要做。什么都不做是必须避免的，否则会越来越受到社会的排斥。

一连串的未完成任务

我们心里有一个叫"内疚之心"的土拨鼠每天都会来问候我们。因此，我有些病人首先会列出一连串他们没能做到的事情：这周没有去健身房，晚上只吃了巧克力，聚会上只喝了水，没能和丈夫说话，遗憾没能赞美妻子，没有去上大学课程，没能走路来心理治疗，还是没有分手等。但他们总会说，下周一切都会好起来，一切肯定会不同，一切都会像钟表一样。"要么现在，要么永不"，这是我通常对他们说的。非常重要的是，经过一段时间后，只保留一些重要的打算。此外，这仅有的几个目标还必须是真正想要做的事。否则，其结果会是长期对生活的不满意，人们甚至无法体验到偶尔的轻松。

追求极度健康，至死方休——而不仅仅是保持健康或足够的健康——这也是一个很少被认识到的矛盾。"不是特别苗条，也不是特别胖。"现在已经很少能听到这样的身材描述了。这种身材当然是健康的——这样的身材甚至被证明比非常苗条和体重过轻更加健康，但只有那些平庸的人才会有这样的身材。他们满足于自己的平庸，并接受了自己的平庸，甚至庆祝自己的平庸。然而今天，这样的人很快就会被贴上"失败者"或"没有生活目标"的标签。健康早已不再是一种让人感激的东西，而是堕落为一种令人欲罢不能的消费品。我们甚至认为自己不应该轻易满足于尚可的健康状况。

量化是为了提高和增长，接着再精准量化增长率，以进一步激发增长的动力。因此便有了仓鼠轮似的健身逻辑和思维。在"适者生存"的游戏中，更强壮的自然更有生存的优势，这一理念从达尔文一直延续至今，甚至被称为"生存竞争"。

对于不可估量的经验的恐惧

现在我们已经了解自己如此渴望更高的数字。但相比感觉，数字有明显的优势：它们是可以计算的，而感觉是不可预测的。当我们觉得某人在假借伪装的感情来达到某种目的时，我们就说这个人"斤斤计较"。数字是可以把控的，它们给人以安全和可预测的假象。数字总是可计算的，通过数字你知道你拥有什么。数字试图消除生活中的风险。

如果我们努力追求最大的可预测性，我们就不能没有数字。我们以为通过更精确地计划和计算我们的生活，通过更详细地组织和安排我们的生活，以及在各个领域变得更以成功和有效为导向，我们就可以获得对命运的无限制掌控的能力。我们现在和将来的敌人都只会是偶然性、命运以及命运的打击。在这方面，数字病人没有任何改变。

在我看来，接受那些我们不知道结果会如何的事情，让任何无法计算或无法预测的事情发生，变得越来越难做到。如果一件事情让人觉得最终可能得不到回报，就会被认为其风险太大。如果一件事情让人感觉不可估量，可能根本就不去尝试了。比如，如果一个网红或者一个油管旅行频道的主播觉得一个旅行目的地从体验和费用上不值得，那么许多粉丝甚至都不会考虑去那个地方了。但是，那些影响人生的体验和经验并不是可以事先计划的，更不要说提前评估了。

在我的生活中，那些能塑造人的体验大多是我事先甚至不知道的事情。我本想让自己免于这些经历，但它们给了我重要的知识和洞见。我怎么可能计划它们呢？不，改变我们生活的经验，改变我们对世界和生活的看法的经验，既不能被生产也不能被计划。它们既不能被大批量制造也不能被商业化，它们必须自然地发生。我们只能为这种体验，为一种名副其实的"巅峰体验"创造条件。

例如，人们只能为庆祝活动创造一个有利的环境。这个聚会对我——甚至对所有的客人——来说是否会是一次难以忘怀的经历，还有待观察。也许它将只是一场令人难堪的酗酒大会，是每个人都想赶紧忘掉的经历。我不认为一个幸福感的分数或"评级 4.0"的评分能够确定心灵的火花是否被点燃。只有我们自己能将宿醉与巅峰体验区分开来。没有经历过头痛或喜悦的泪水，巅峰体验是根本不可能出现的。

约翰内斯（作者本人）的 4.0 经验

在艺术领域，当艺术家得到灵感时或急切地等待它时，人们会说被缪斯女神亲吻了。人们不知道"缪斯之吻"什么时候会降临，有时可能需要等好几年。这个吻、这个启发、这个激发或这个灵感的瞬间闪耀,当然不可能用算法来计算,今天也是如此。

但不是每个人都这样看。一年前,我在尤瓦尔·诺亚·赫拉利(Yuval Noah Harari)的书中读到,有一台人工智能机器被输入了很多巴赫①的作品,多到足以让人工智能自己创作新的巴赫音乐,或者重新计算旧的巴赫音乐——当然这取决于你如何定义它。而且据说这台人工智能学得很好,甚至连研究巴洛克音乐的专家都无法区分巴赫的作品和该人工智能设备自己的新作。我们需要的仅仅是在此之前喂给机器我们拥有的且已经数字化了的巴赫的作品,然后它就为我们产出一个又一个的假巴赫。显然,这是一个永无止境的创造源泉,这种创造性不需要等待和休息。

我下载了这台极具天赋的人工智能机器创作的专辑。"来自计算机生成的作品"是音乐软件上给出的艺术家名字。从那时起,这些AI作品似乎随机混合在我的播放列表中,与有血有肉的新老大师谱写的杰作共同存在,由我的智能手机DJ为我精选播放。过去的音乐大师常常不惜以生命为代价,从他们自身、生活和时代中凝聚永恒旋律,在人们尚未理解他们的音乐之前就已离世。

今天又发生了一件事:那个没有灵魂的巴赫副本再次出现了。我的智能手机为我随机选择了它。之后我的智能手机又从吉米·亨德里克斯(Jimi Hendrix)的专辑中挑选了一首歌,是《守望塔之路——吉姆·亨德里克斯的体验!》(*All along the watchtower. The Jimi Hendrix experience!*)。这首歌的副标题说到了点子上。虽然你可以说:"哇,这是吉米·亨德里克斯在喝醉后的吉他独奏!"但是,

---

① 约翰·塞巴斯蒂安·巴赫(Johann Sebastian Bach),巴洛克时期的德国作曲家、小提琴家、管风琴和大键琴演奏家。

没有什么能比从计算机的仿制品中解放出来的感觉更令人兴奋!

这里没有数字在发挥作用,听起来就像挪威表现主义艺术家爱德华·蒙克(Edvard Munch)作品《呐喊》(*The Scream*)中的尖叫,这是前所未闻、前所未见的声音。就像半个世纪前的绘画一样新颖。伟大的艺术总是那么超越时代,超越几个世纪,并永恒存在着。它几乎就像是有生命一样,而不是由 0 和 1 构成的。

吉米·亨德里克斯真是一个典范的艺术家!他是一个魔术师,绝不是一个受数字束缚的人。他那锐利的尖叫声,对于陈旧和可预测的反叛,是如此令人振奋!这才是真正的艺术!原始、不可预测、纯粹的尖叫声包含着高级艺术性。我的手机竟然在这个时候找到了它。这是偶然吗?或者,手机的音乐选择程序已经深刻了解我,知道我此刻需要这种原始的、不加掩饰的尖叫声?我不敢相信。

信任与控制

自从大流行病开始以来,越来越多的声音强调了一种遍布全球的不确定性。他们谈及一种全球性的"无助感的经验"。但在我看来更令人惊讶的是,我们居然认为在大流行病之前我们已经牢牢地掌控了一切:这样的自欺欺人让人深感失望。这已经持续了一百年之久的自以为是的幻想,此刻已经彻底破灭了。

我们居然错误地认为我们在掌控着生活,却未曾想过相反的可能性,这真是个新鲜事儿。然而,生活总是以各种方式提醒我们,让我们感受到它的不可掌控性。我们总是在为至高无上的掌控力而奋斗，最终却是大自然的力量、生命的原始力量，战胜了我们对控制的渴望。生命终将获胜，因为最终死亡将会战胜一切。这就像玩轮盘赌：你对抗庄家，对抗生命，但你永远不可能获胜。它们拥有零，拥有随机性，拥有无法控制的因素，拥有不可预测性，拥有原始的力量和原始的呐喊。

只有生命本身可以打破自然规律。随机的突变可能会在任何时候创造出新的事实，它们有着自己的规律。它们隐藏着秘密，或者更确切地说：一些原初的线索。因为我们不知道，也永远无法知道病毒何时会变异，以及如何变异。这是一种难以承受的事实。我们更希望有一个这样的世界：病毒通过推特提前向我们宣布它的下一次变异，并及时向所有高危人群发送预防提示邮件，同时将病毒基因编码完整地提供给实验室研究。然而，现实却并非如此。总有一些线索将永远存在。我们应该意识到这一点，并与生命合作，而不是对抗这一不可否认的事实。

我们从风险研究中得知：系统和技术越安全，人们对剩余风险和不确定性的反应就越敏感；这种矛盾反而使恐惧增长。哲学家马丁·哈特曼（Martin Hartmann）在他的书《信任：无形的力量》（*Vertrauen. Die unsichtbare Macht*）中描述了这种矛盾，并证实了信任危机的蔓延。

这是另一个悖论。我们人类本身就充满了矛盾。而算法则不知道什么是矛盾。它们的决定总是很明确，即使它们是错误的，甚至是极其武断的。然而，我们大多是矛盾的，很少完全正确，但也很少完全错误。这正是使我们人类如此复杂和独特的原因。我们应该为此感到自豪，而不是努力追求一维化，使自己越来越多地被机器同化。随着时间的推移,我们也会变得像它们一样,成为只精通某个领域、没有情感的"白痴"。这是一种狭隘的智慧,而非我们所追求的。

总结

生命的奇妙之处在于它时刻带来惊喜,让我们毫无保留地接纳,并允许其自然发展。然而,在被过度驯服后,生命的魅力就会失去。从历史上看,这种认为我们能够掌控生活的误解是一个新现象。我们常常错误地相信我们能够控制生活的方方面面,而实际上情况正好相反。

现今,为了追求更高水平而量化健康分数,体现在健身逻辑上:确保身体更加强健似乎是可能的;增加行动力也是一种选择。对所有努力进行量化记录似乎也是如此。这导致了一个恶性循环,增加了我们的压力。几乎在所有领域中,过分强调绩效和量化思维都是适得其反的,就如同过度追求令人满意的亲密关系一样。

如果我们越来越多地用成功的标签来衡量,一个人也可能随时随地都会失败。这种情况非常令人疲惫和紧张。也许数字显示我们做得很好,但数字化的心理只会摇头反对。我们不应该适应数字,而是应该只有在必要时才使用数字。我们不应忘记,我们比机器更古老,但生命本身比我们还要古老得多。最终,它将超越我们并且胜过我们。

为什么对日常生活的量化会让我们越来越焦虑？

因为我们越来越频繁地依赖用显示屏来搜索数字、方向、解决方案、评价甚至价值判断，并按照算法决策模式行事，我们对自己和身体的信任也因此日渐丧失。这种趋势使我们逐渐失去了对空间、时间和意义的准确把握能力。由此产生的依赖感和无助感使我们变得更加焦虑，当我们的"电池"耗尽或智能手机无法提供指导时，我们的反应也变得越来越歇斯底里。焦虑的迷失感、内心的空虚以及根本性的疲惫便是这种现象的后果。

我们能做什么？

少去查看和确认信息，多相信自己和自己的身体，多信任一点，多期盼一点。我们应该更努力地接受挑战，而不是顺从算法计算出的最短和最舒适的路径。首先，我们应该学会忍受无聊、无助、迷失方向，以及对我们的行动是否有意义的怀疑。只有这样，才能产生新的个性化解决方案和生活道路。

让我们敢于选择没有确定结果和快速回报的道路，去尝试那些可能带来好处的关系，以及那些结局可能会痛苦的事情。在使用网络搜索之前，敢于先自己探索寻找。勇于跟随直觉，因为只有这样，它们才会变得更加可靠。让我们大胆地创造属于自己的新经验，并由此重新学会如何从中学习。赞叹，赞叹，再赞叹——即使是作为成年人，我们也应再次学会如何去赞叹。

不幸的是，在生活中，我们在这方面变得越来越糟，而不是越来越好。我想，我们应该保持像孩子一样的特质，那就是对世界的赞叹，但这并不意味着我们要变得像孩子那样不成熟。我们应该更多地接受，重新开始参与，相互依赖，而不是依靠一些应用程序来决定我们在某个特定时刻需要什么或应该做什么。我们应该留出一些时间，即使只是一天中的一小段时间，什么也不做，即使是放松练习也不要安排。

12 追求独特的焦虑

﹟每个人都在追求与众不同,那普通人还存在吗?

最让人难以接受的就是平淡无奇了。在当今的社会,当有人对你说"嘿,你太普通了!"时,这句话可能比其他侮辱更加伤人。这也导致了我们对自己或他人的现实认知感到极度恐惧,担心随时会被人看穿,意识到我们只是普通人而已。

因为根据定义,普通人的生活就是最常见的生活形式,所以我们不得不竭力与不可避免的命运划清界限。平凡被视为最大的惩罚,而与被视为平凡的普通人交往也应该避免。平庸是所有渴望脱颖而出的人的敌人。如果他们想在数字化的自我营销市场中脱颖而出,他们必须做到最闪亮、最引人注目或最大胆。

他们要么通过最炫目、最抢眼的方式和观点来吸引注意,要么通过看似光鲜亮丽、佯装快乐的生活场景,被专业团队打造成即兴随意、无忧无虑的样子,让人误以为这种无穷快乐的生活是那么随手可得。

是的,所有这些都应该看起来轻而易举:顶尖的表演信手拈来；尽管吃着巧克力棒，但依然有着完美的腹肌；毫不费力地写出最棒的笑话；不打美容针就拥有最完美的皮肤；保持永远的好心情却不需要药物帮助。然而，表象背后的辅助工具大多数情况下都被掩盖了起来。似乎只有粉丝和普通人需要这些工具。

在深刻的社会分析报告《独异性社会》(*Die Gesellschaft der Singularitäten*)中，安德烈亚斯·莱克维茨描述了对独特性和原创性的不断增长的强烈需求：人们似乎必须成为那些从数据海洋中脱颖而出的孤独勇士，他们注定要更加激进地遵循自我营销的逻辑，占据一个小众市场，找到一些独特的卖点——无论多么可笑。

"独特化"描绘了这样一个过程：个人不再追求统一和标准化，而是寻求个性化、非同寻常和不可替代的事物——从别致的居住社区到量身定制的职业活动。现代的潮流引领者只有在特异化的、被视为独特的事物中才能找到满足感。而只有那些被视为独一无二的东西（而不是大规模生产和标准化的产品）才显得真实和令人羡慕。

不惜一切代价地去取悦

因此，新千年的数字经济的任务是创造一个与众不同的形象。例如，一个新型流媒体形式的参与者可能有如下任务：在《圆环》(*The Circle*)这档真人秀节目中，参与者的目标是通过使用自己的（虚假）个人资料和在虚构的社交网络中的互动，来吸引其他参与者，从而成为最受欢迎的居民或最特别的竞争者。

所有参与者都必须决定他们的资料是真实地代表自己，还是描述一个更好的自己，甚至是描述一个完全不同的人。参与者之间的交流是通过一个叫作"圆环"的封闭网络进行的。他们口述信息，并通过小组或个人聊天将其发送给其他参与者。他们会定期互相评分，不断更新的排名是对无处不在的竞争理念的持续提醒。被选中的所谓"有影响力"的参与者要决定其他哪些参与者必须离开大楼。在最后一集，他们进行最后一次排名。

这个看似真实的真人秀节目在经过几周的竞争后变得越来越残酷无情。这种游戏设计将体验经济的机制——即通过创造富有情感吸引力、个性化和独特的消费体验来吸引顾客的机制——在一个"独特化"的社会中推向了极致，并在这个全天候被拍摄的心理实验中显露无遗。就像过去20年中的其他知名真人秀节目一样，这些节目也体现了"赢家通吃"的经济规律。最受欢迎和最有影响力的人，即最有权势的人，可以得到一切——比如在这种情况下是85 000欧元的奖金——而即使是亚军也得不到任何奖金。

即使一开始少数参与者坚持使用真实个人照片和信息，一段时间后，他们也开始采取和那些一开始就使用虚假信息的参与者一样的战略性撒谎和混淆视听。这也导致参与者们越来越混乱，越来越多地表现出如下的情况：

"我感到自己头脑混乱。言者无意，听者有心。并非所有的真理都是真理，有些真理是谎言。你有你的真理，我有我的真理，但重要的是如何表达。我们的节目就像在战场上一样没有底线。每个人都觉得我应该很友好。对我来说，能让我在游戏中保持优势的人就是我最好的朋友。我要让他们喜欢我。人若伤我，我必报之以伤。

我想成为这群笨蛋的领导者。他们说他们会支持我,但你不能相信任何人。我很高兴你是真实的自己。我应该多讨好人。我们都希望成为影响者。"

特别的形象和不屑的现实之间的差距

有时候,每个人都不信任其他人,每个人都与其他人达成协议,每个人都(或者是潜意识地,或者是公开地)冒犯其他人,每个人都假装对其他参与者和竞争者感兴趣和有同情心。在《圆环》这个节目中可以清晰观察到,在网络上(几乎)只有形象才是最重要的,只有形象才能保证成功——这在很大程度上脱离了真实情况。当虚拟呈现的形象和真实人物之间的鸿沟难以逾越时,有时会变得荒谬可笑。比如,一个来自纽约的大码模特,尽管她通过大码时装拍摄获得了丰厚的职业收入,并且据称有超过100万的粉丝,却使用一个极度瘦削的模特朋友的照片作为个人资料照片。

在《圆环》第一季中,来自得克萨斯州的酒保乔伊领取了奖金。他是一个普通的美国人,有着每个人都认同的真实资料照片。到此为止,还没有什么特别令人不安的。但是在第二季,获胜者是一位婚姻幸福的母亲,她假装是一位正在寻找对象的单身父亲,因为"现在单身父亲很流行"。她对流行趋势的分析是正确的,她将奖金带回新泽西州的家里,就像这是为拍摄家庭喜剧而支付的费用。"母亲刚刚扮演了几个星期的单身父亲",上小学的儿子或许会这样解释这笔意外之财是如何来的。

所有的自我推销者和竞争者都在几平方米的生活空间里度过了几个星期，与外界和彼此完全隔绝。但是，在这种没有肢体接触的自我禁闭中，没有一个参与者感到无聊。所有的人似乎都非常忙碌，玩得很尽兴，不断被新的事情吸引。甚至在刷牙的时候，他们也在忙着聊天，试图取悦尽可能多的人，从而在"圆环"这个微观小社会中获得权力。然而，到了第二天，没有人会再对某件事或某个人投入全部的注意力。

积极情绪的权力（影响力）

戴夫·埃格斯（Dave Eggers）于2014年创作的小说《圆环》（*The Circle*），也就是同名电视剧的名字来源，讲述了大型科技公司的封闭世界。在这个世界里，员工只有在系统内毫无顾忌地分享自己的感受和想法，并且愿意将生活之外的事情置之度外，才能在公司的等级制度中得到提升。

在电视真人秀节目《圆环》中，唯有他人的情感才是最宝贵的资本。参与者能否成功引发其他参与者的积极情绪，直接决定了他或她在人气排行榜上的表现。这样的表现将使其跻身最具影响力的人气王、成为众人内心的最佳候选人或最强大的影响者之一。在这场情感竞争中，唯一仍然具有价值的"货币"就是被诱发的积极情绪。

需要注意的是，这里关注的只是被激发的情感是否积极，而触发这些情感的原因是真实的还是虚假的并不重要。这是一场他人情感投射的游戏，参与者需要天赋、创造力、战略思维、精心设计的演技以及目标导向的操控艺术。他人的积极情感是获得权力和利益的唯一途径，因此每个人都在争夺这些情感。在奈飞的制作过程中，所有选手在竞争中变得越发歇斯底里，他们的情绪也越来越激动——无论他们最初使用的是真实的还是虚假的个人资料。

希伯恩是一位非裔美国选手，他凭借女友丽贝卡的资料照片进入了四强。他如此沉浸在一个善解人意的、拥有模特般长相的年轻女性的角色中，以至于他无法理解剩下的其他三名参赛者在最后一轮中见到他本人时的惊恐。希伯恩表示他即使作为丽贝卡也一直是"完全真实的自己"。其他三人都不可置信地摇了摇头，笑得歇斯底里的观众也觉得不可思议。特别是其中一位选手，他在这几周里爱上了丽贝卡，这令他感到困惑和崩溃，即便过了很长时间也难以释怀。

所有参与者都声称是单身，不管他们在现实生活中是否有恋爱关系。在整理他们的资料时，参与者无一例外地得出了这样的结论：如果他们的关系状态不是单身，他们就没有机会获胜。必须给每个人保留感情投射的潜力空间，我们已经从 20 世纪 90 年代的俊男乐队和少女组合中知道了这一点。所以在为关注者和粉丝构建一个虚拟空间时，设计者应该牢记这一点。

如何制造积极的情绪？

积极的感觉是通过关注、关心和（虚假的）赞美来诱发的。先是主动接触，然后极尽奉承。因为假装的兴趣和赞赏被证明是很快就能见效的——即使没有人会对一切事物都感兴趣和满意。一开始极尽可能（虚假）的迷人魅惑可以带来后期的关注者。在广告业，人们会说这叫"创造粉丝"。

然而，积极情绪可以有各种触发因素。幸灾乐祸——尤其是在私下里没人看到，能毫无约束地体验这种情绪的时候——也可以被主观地体验为一种积极情绪。当其他选手自毁形象、作死淘汰时，油然而生的优越感会被主观地感受为愉悦。当然，嫉妒的感觉总是被体验为消极的，所以避免嫉妒的感觉是很重要的。因此，你得采取一种平衡的原则：一方面表现出足够的吸引力，另一方面又不要太令人羡慕，以便在关注者中引发尽可能多的积极情绪。在这个意义上，这种感觉不是客观的，而只是主观上的愉悦体验。

获得声名同时又被嫉妒的这个规律适用于绝大多数所谓的有"影响力"的人。只有少数成功者与普通用户、关注者相距甚远，以至于普通人不再拿自己的生活与之相比。例如，其他职业足球运动员也不会将自己与克里斯蒂亚诺·罗纳尔多（Christiano Ronaldo）相提并论——他以超过4.12亿的关注者在照片墙热门排行榜上遥遥领先，甚至其他球员的妻子也不能与他的妻子相提并论。不，他们两人甚至拍了自己的系列纪录片，讲述他们（精心编排的）日常生活，这自然使他们看起来更加远离大众。

当名气已经达到超凡脱俗的程度时，这些少数的偶像和巨星在食物链的顶端当之无愧地被顶礼膜拜。他们应该尽可能地保持完美无瑕，并且总要显得高不可攀。这样他们就不再引发旁观者的嫉妒，而只是彻底地崇拜和无私地偶像化，因为敬仰和崇拜占据了主导地位，直接的比较则完全被忘却了。

自我发展与传统职能角色

安德烈亚斯·莱克维茨指出,这种对外界的吸引力不再来自尽职尽责地履行预期行为的一般规范,而是来自被认为是特别的和卓越的。如此一来,这种新的社会认可就不同于20世纪工业现代性主体的典型做法。在那个时代,只要好好地履行自己的职能角色就足够了。在第二次世界大战期间,人们几乎都经历了苦难和痛苦的牺牲,所以能让自己的孩子避免这些经历已经被认为是一种成功。

然而,在这个新的世纪里,这已经远远不够了。因此,创意明星、人类工程师、成功的艺术家和数字游民、设计师、创业家、顶流网红"影响者"和各自行业的巨星都特别受到推崇,他们除了被认为有很高的社会地位,还被认为拥有特别成功的自我发展。安德烈亚斯·莱克维茨提到了"文化经济化"。这是一个新兴的市场,其特点是赢家通吃或者是赢家吃掉大多数,以及极高的风险。

极度成功者和不太成功者之间的差距正在迅速扩大。不仅在不同的职业之间,即使在同一领域内也是如此,例如在记者、心理学家、发明家、艺术家、IT专家、企业家、设计师、律师、医生、病毒学家、自媒体或广告机构中。越来越多的专业领域受到影响。越来越常见的情况是人们不再说"他创造了伟大的艺术"或"他是一个非常好且有经验的心理学家",而是"对,他是一个艺术家,但不是那种穷困潦倒到连饭都吃不起的艺术家,而是——相信我——这个家伙在油管上是超级有名的"或"她不是一个普通的心理学家,她的博客每天访问量超过一万!"有一次我在治疗一个病人时,他向我科普这位知名的油管同事,据说当时有数万人正在观看该频道的视频。这还是一个关于个体的、独立的心理治疗体验吗？还是说这么做才是一种独特的体验？这个现象不仅在心理治疗师这里能看到，在外卖小吃店那里也能看到。

不是普通的外卖街头小吃店，而是了凡油鸡饭①

这种奇异的市场逻辑也适用于厨师。2016 年，一颗米其林星②给新加坡的一家街头小吃摊带来了意想不到的名气。这个消息在互联网上疯传：老板兼主厨陈翰铭不再是一个街边的无名厨师，而变成了世界名厨。一夜之间，他的酱油鸡肉饭配上别具一格的辣椒酱，成为世界上最便宜的明星菜，并被吹捧为一种独特的体验。这道菜只需人民币 10 元左右。

当然，著名旅游杂志应该会报道此事。但事实上，能让这个新加坡本地的小小轰动在全球迅速扩散的，是（自诩的）美食专家以及来自世界各地的美食博主和自媒体明星们。一个塑料盘子里摆着这道在互联网上被宣传为"正宗、无与伦比"，同时又"极其便宜"的菜：一份用鸡汤煮的米饭，加上几片多汁的鸡胸肉和一些带着肥边的烤鸡皮。这就是它的全部，几乎就像"皇帝的新衣"。

人们在门口排起了长队，直到一个投资者将这个街头小吃摊变

---

① 了凡油鸡饭（Hawker CHAN）是新加坡的一家著名街头饭店，以其油鸡饭而闻名。
② 米其林星是由法国轮胎公司米其林（Michelin）出版的《米其林指南》（*Le Guide Michelin*）所颁发的餐厅评级。米其林星评级是全球最受尊重和最具权威性的餐厅评级之一。

成了一个国际连锁加盟店。不用说，米其林的明星品质在以快餐价格铺开的扩张中未能幸存，该评级很快就被撤销了。但陈翰铭永远不再只是一个普通小吃摊厨师了。不，他在现在和将来都是一个世界著名的品牌，因为他永远是网络上的明星，一个拥有全世界粉丝的美食家。而这与他的连锁店鸡肉饭的真正品质完全没有关系了。

网络上的形象没有半衰期，不管是好是坏。即使没有米其林星级，陈翰铭也会继续向遥远的国家扩张。在这个过程中，偶然因素起着不可低估的作用。在过去的某一天，《米其林指南》的评论家一定是偶然闯入在等了凡油鸡饭的队列。也许只是因为他在一个美食殿堂的约会意外落空，没有打到车，还饥肠辘辘。所以米其林评论家直接去了陈翰铭的小吃摊，而不是去新加坡成千上万的别的街头小吃店。如果当时有出租车停下来，陈翰铭的连锁加盟帝国今天可能就不存在了。谁知道呢？他的鸡肉饭仍然可以在街角以便宜的价格买到，但为了环保，希望现在他们使用纸盘子（而不是塑料盘子）。我们所知道的是，运气和偶然的力量显然被故意低估了，甚至可以说完全被压抑了。

是实至名归的成功，还是冤枉的厄运？

一方面，我们喜欢将成功归功于自己和自身的能力。另一方面，我们更愿意将失败归咎于偶然的环境，认为我们只是运气不佳。然而，当最终获得成功时，我们表现得似乎早已经尽可能地做好了准备，而这往往就是成功背后的故事。

这种认知上的扭曲和不协调也是一种普遍存在的防御机制，用来为自我保护提供服务。偶然性由于其不可预测性而构成了一个很大的威胁，而且超出了我们的控制范围。我们更愿意相信我们是"自己命运的创造者"，而不是接受"机遇在我们生活中发挥决定性作用"的事实。

有些人甚至声称，他们可以凭借自身力量从困境中挣脱出来。小时候，我就想知道他们是如何做到的。不过，即使成年后我也无法真正解答这个问题。相反，我的父亲许诺给我一笔零花钱，只要我下次不再打扰客人，不再问这种奇怪的问题。然而，在我的记忆中，我什么也没得到。

我们越是自恋，就越不能承受和接受偶然因素的影响力。我们必须否认胜利是偶然的，并通过否认的防御机制将其归因于自身能力，无视所有困难和巧合。

然而，数字时代的成功似乎越来越多地取决于市场巧合、形象和运气，而不是真正的品质、能力或其他客观标准，这些标准在20世纪曾经很有影响力。

多年来，我有幸治疗了许多年轻的艺术家。我逐渐注意到，以前那些由评审团或主流媒体艺术评论家所确定的客观标准，或者由教育和学历所体现的标准，在几乎所有艺术领域中都越来越失去意义，对于事业的成功不再具有决定性作用。如今，为了推广新歌，必须支付博主费用，并鼓励他们在社交媒体上发表好评。平台上的赞美是可以买来的，粉丝数量通常比展览或表演的实际影响更为重要。

艺术史上及社会上，常用来衡量创意概念或开创性风格的标准也越来越多地被淡化。音乐视频是用智能手机拍摄的，为了成功，人们尽其所能。然而，雪球系统是否能向前滚动，自媒体上的点击率是否能顶破天花板，越来越多地取决于巧合，而越来越少地取决于质量。

与旧的成功标准相比，这些标准更加任意、主观、情绪化，因此也更加脆弱。幸运的偶然（机会）可以在一夜之间带来巨大的成功和在网络上的高知名度，但不幸的偶然同样可以迅速让你前功尽弃，失去一切。

举例来说，如果一个职业足球运动员爱上了一个名不见经传的内衣模特，这通常会给她的事业带来短期的推动。但如果他们分手，往往会使短暂的高潮迅速跌落。网络上会爆发出一场垃圾风暴，之前还在鼓掌的人现在很享受曾经的偶像坠入无底深渊，他们争相发表嘲讽的评论和仇恨的谩骂。这就是发生在卡西亚·伦哈特（Kasia Lehnhardt）身上的事情，她在2021年2月9日自杀了。

我在互联网跟踪研究中，发现了一些特别令人不安的现象：一些粉丝不请自来地给卡西亚读小学的儿子留下各种建议。尽管有些建议可能出于善意，但更多像是在给这个孩子情感上的打击。不久之前，这个孩子因与他美丽的母亲一起拍摄照片而收到大量赞美。然而几天后，这个孩子却收到了许多匿名的、自诩生活导师的建议，试图教他如何快速应对这令人难以置信的现状。这种心理压力实在令人痛苦！真希望这个孩子永远不必亲自面对这些所谓的"建议"。

这种对无法控制的外部因素的依赖，使生活变得更加焦虑，也让人们越来越缺少自我决定的生活规划。

约翰内斯（作者本人）的 4.0 经验

作为一名心理治疗师，我并非数字资本主义的一部分。在数字资本主义的世界里，人们互相竞争，毫不留情。这里的原则是：更高的点击率和更好的评级意味着更高的利润。如果我挑战病人的心理边界，是否意味着我将失去这些能付费的客户？我甚至可能在医疗门户网站上收到负面评价，而作为有公立医保诊所许可资格的治疗师，我不能通过随意注销账号来逃避这些问题。

当我在慕尼黑森德林区开设新诊所时，我创建了一个网站，并希望能在谷歌上推广。我收到了一封邮寄到我的新诊所地址的信件，用以核实我是否真实存在于线下的"现实生活"中。一个电话是不够的，互联网当然也不足以证明。我明白：只有这封投递到我真实存在的邮箱里的信件，才是虚拟世界与现实社区、居民以及我的真实病人和他们的问题之间唯一的纽带。因此，我同意了。

信中有一个可刮开的编码，需要我通过信件来确认。事实证明，只有这样，我才能在谷歌眼里成为一个真实存在的人，有一个真实的诊所。至少对于电话那头声音很友好的女士来说，这一点是明确的。之后，我接到了另一位年长女士的电话，来自谷歌的营销部门——又或许是一个外包呼叫中心，谁又能确定呢？

这位新来的女士希望我考虑通过谷歌发布广告。我同意了，因为我一直想了解谷歌为何变得如此富有，而其他人的生活却越来越艰难。

两通电话之后，我就明白了一切。当那位女士友好的声音传来时，她的提议显得非常定制化："将'心理治疗师'与'森德林'结合起来。"这就是我当时想要的，这是第一步。我想，只要有人搜索这个词组，我的诊所网站链接就会出现在前列。然而，她纠正我说："你是最前面的，因为没有其他来自慕尼黑森德林的心理治疗师能像你一样聪明。"

我现在比我的同行更聪明吗？还是我只是没有意识到背后的陷阱？情况是后者，并将在这位女士接下来的话中得到证实。她告诉我两件事：首先，"广告"这个词会显示在我的链接上方，但它是如此之小，大多数人肯定会忽略它。其次，每当一个潜在客户（是的，她说的真的不是"病人"）点击这个链接，需要支付5欧元的费用。当然是我要支付，而不是客户。

当时，我很震惊，试图向这位女士解释说，如果有几十个人点击我的诊所链接，但没有人真正来到我的现实的诊所，即线下诊疗，那我事实上会亏钱；又或者所有点击者都会来，挤在楼梯间，由于我不能把哪怕一分钟的治疗委托给别人，我将根本无法应对这种蜂拥而至的情况，而不自己发疯。"但是赫普先生，这怎么可能呢？您不会有问题的！"对方佯装惊讶。"不，您不知道，我之前已经时不时在担心我快要疯了，即使在我才开张不久的诊所，到目前为止病人——也就是您说的客户——数量还很少，我的意思是在没有通过谷歌广告找来的新客户的情况下。"她并没有笑，只是简短地说了一句"再见"就挂了电话。我想她以为我什么都不明白。她可能是这样想的："他还是认为没有我们他也能做到。可怜的笨蛋！"

全球都在追寻同一种独特性

现如今,如果你不想失去社会参与权,并且想保持被人钦佩和羡慕的地位,你就越来越难摆脱对个体独特性的强调,越来越难逃避成为"通才"的心理追求,以满足那些无处不在的、潜移默化的期待。这种对竞争的神化导致了一个孤独奋斗的社会,人们认为唯有英勇承受生活的苦难,为了一个独特且与众不同的形象而牺牲一切,才能找到救赎之路。与此同时,这个以竞争为导向、充满单一性的孤胆英雄社会对于失败者和普通人则越来越冷酷无情。

如果我们都在追求同样的独特性、刺激和巅峰体验,追逐类似的震撼设计或米其林星级小吃店,最终我们将经历相似的体验,这将导致我们的生活越来越趋同和标准化。我们一方面越来越强迫自己追求独特性,而另一方面我们所寻求的独特性却日益相似。这又是一个自相矛盾的悖论。

又或者,某个特别事件的炒作被进一步推波助澜,以至于许多人争相赶来,导致被广为传播的超级地点或特别活动人满为患,内部消息变成了实际上的恐怖之旅,除了压力,那里几乎没有什么可体验的。

"冷门"景点的爆火

哈尔施塔特位于宁静的奥地利萨尔茨卡默古特地区,坐落在哈尔施塔特湖西岸,是一个小镇。这里的阿尔卑斯风格小巷和建筑可以追溯到 16 世纪，现有千余名居民定居其中。每年，这个小镇接待约 14 万名过夜游客和超过 100 万名日间游客，为社区带来可观的收入。然而，并非所有居民都对游客的意外涌入感到高兴。因此，旅游巴士的数量将减半，每天仅保留 54 辆。

从旅游软件到社交媒体，哈尔施塔特的照片随处可见。湖光山色等美景通过社交媒体广泛传播，使这里备受欢迎。有人提议对哈尔施塔特征收门票，但遭到了居民反对，居民认为这样会让他们感觉像被关在动物园里。因此，这一提议被拒绝了。

此外，一部在哈尔施塔特拍摄的韩国热门肥皂剧进一步增加了该小镇的知名度，尽管当地居民可能并不希望如此。即便是使用费为 1 欧元的公共厕所，也为市政府每年带来 115 万欧元的收入。甚至连哈尔施塔特的空气也开始被装罐销售，这种来自阿尔卑斯山区田园的空气比可口可乐还要贵，而可口可乐在每个街角都能买到。

随着全球化的发展，越来越多的旅行者涌入哈尔施塔特，然而，对当地居民隐私的尊重却逐渐减少。许多亚洲游客会不经意地出现在神龛下的角落，就像过去欧洲传教士不经意间闯入非洲泥屋一样。为了维护社区秩序，村里到处都竖立着禁止标志，用英语呼吁游客尊重隐私、保持安静、不要使用无人机、不闯入私人领地或在当地居民家中自拍。

哈尔施塔特正在经历经济全球化的后果，随着世界其他地区居民财富的增长，他们也更热衷于旅行。对于亚洲游客来说，哈尔施塔特是一个奇特的地方，也会给人一种奇特的体验——同样也可以说，就像欧洲人眼中的塑料盘子里的陈氏鸡肉一样。

然而，目前这些能探索世界的亚洲游客只是亚洲人口中的一小部分，他们就像那些受著名美国作家欧内斯特·海明威（Ernest Hemingway）等人影响的欧洲游客，数十年来追随其足迹在世界周游。将来会有越来越多的游客到欧洲来旅游，我们现在就可以开始立起更多的旅游标识。

人们追求特别的体验，争相去网络名人曾经到访过的地方，导致这些原本独特的地方人满为患。生活被精心设计和安排，越来越趋同。因为我们也渴望被大多数人认可，也想提供最受欢迎的体验。类似的行程安排变得越来越常见，例如，8天内从巴黎到哈尔施塔特湖，再到柏林，经伦敦回到北京、新加坡或首尔。80天环游世界已不再稀奇。让我们举杯庆祝，干一杯哈尔施塔特的空气，享受旅途中的美好时光！

总结

在强调个体独特性的社会中，我们对独特性和原创性的追求正在不断增长。越来越多的人感受到想要脱颖而出而带来的压力，他们被迫遵循自我推销的逻辑，竭力寻找市场上的机会点和独特之处，哪怕有时候显得有些荒谬。

然而，对特殊事物的集体追求却带来了一种反效果，使我们变得更加平凡。随着大家对同一事物的兴趣和关注度趋同，我们的思维和行为也变得越来越相似。一条内幕消息可能会迅速演变成一场大规模的聚会。个人独自探索的旅行和发现之旅逐渐被群体式旅行所取代，人们盲目追随网络推荐，成为旅行的快闪族，只为打卡和体验偶像们曾到过的地方,这就是数字时代的朝圣之旅。

在这种环境下,人们希望通过到访偶像曾经到过的特殊地点来感受偶像的魅力,这种心态与传统宗教朝圣有着异曲同工之妙。人们不再独自探索,而是跟随潮流,不再看到真人导游,取而代之的是在社交媒体上分享的朝圣之旅照片,类似于圣雅各布之路上的朝圣者盖章的方式[①]。人们追求得到同路人的认可,结果导致更多的相似性。

为什么追求独特化的生活方式会让我们越来越焦虑?

在追求独特性和个性化的社会中,我们渴望通过展示特殊的品质和独一无二的卖点来证明自己的价值。我们不断地积累各种不寻常的经历、高潮体验或稀有的物品,以赋予我们的生活独特和吸引人的色彩。我们的动力越强,我们的个人价值就越依赖于这些特殊属性和独特之处,对独特性的追求就变得越病态。

我们时刻保持紧绷,因为即使是最轻微的挫折也可能让这个独特的结构崩塌。这时,我们常常陷入自我价值的危机之中。在每个人都追求独特性的情况下,普通人还存在吗?这是一个只有通过扭曲现实认知才能解决的矛盾。

---

① 圣雅各布之路是一条著名的朝圣之路,朝圣者会携带一本"朝圣护照",每路过一个食宿的地方便会在护照上盖上印章。

我们能做什么？

学会认识到我们自身和事物的内在价值，以便更加独立于所谓的流行趋势、排名和网上评价。我们不应该一味追求那些奇特的东西，而应该努力从现有的有限资源中获得更多的回报。我们应该珍惜眼前拥有的事物，而不是盲目追逐可能的收获。不必总是渴望与众不同，而是允许自己享受那些真正让我们快乐和受益的事物。即使在那些平凡或有时甚至被人诟病的时刻，我们也应该学会从中寻找个人的乐趣。我们需要形成并找到适合自己的风格，哪怕只是旅行的方式。

13　自律焦虑

＃自律真的让人自由吗？

在美国有线电视新闻网（CNN）上，我看到一位示威者站在镜头前，高举着一块标语牌，上面写着："牺牲弱者！"类似"病毒只会打击那些不能胜任生存斗争的人"这样的表达代表了许多思维扭曲的人的观念，尽管他们中的大多数人不太愿意公开表达这些观点。

这种"你被淘汰了"的逻辑，与查尔斯·达尔文的科学理论完全不同。难道我们应该让那些免疫系统不够强大的人死去吗？难道我们应该让那些没有充分发挥潜力或缺乏资源的人、那些无法与他人竞争的人沦落贫困吗？难道我们应该让那些脆弱者和无助之人就这样凋零吗？

对自我和世界的理想认知给每个人带来压力

要么全有或全无，要么极强或极弱，中间状态的事物越来越少。

在实际生活中，几乎每一种超级言论都是可疑的，因为它们的背后往往隐藏着对自己和世界的虚幻、不真实、理想化或夸张的看法。作为防御机制的理想化和夸大其词正变得流行起来。"如果我对某件事没有110%的热爱或完全的信服，我会远离或放弃它，因为我不会做低于这个标准的事情。"

最近我越来越频繁地听到这样的"幻想百分比"，几乎每个体育节目都在使用这样的说法。反过来推理就意味着我们对自己的成就、人生道路或事业越来越不满意，因为期望过高，而我们很难满足这些过高的（自我）要求。或者我们只能以牺牲自己的身心健康为代价来努力达标，这往往会带来更糟糕的后果。即使是自我放松的练习也常常受到类似过高要求的影响，结果往往适得其反，达不到预期效果。有时人们问我是否也通过做瑜伽或自我调节训练来放松。当我回答"不，我更喜欢坐在咖啡馆或公园的长椅上，看着路人，让思绪自由飘荡"时，常常会引起人们难以置信的反应。他们一般倾向于做更多的放松训练，紧密安排日程，并努力提高自己的深度放松技能，直到被认为已经"完全放松到了110%的程度"。

这被称为"时间管理"。有时候，病人会想要给我展示他们手机上的计划和图表，或者是他们从医院带来的时间管理表，但我通常会拒绝。对于那些计划繁多、图表纷繁、日程表填得满满的病人，我通常会要求他们先把这些东西搁置一边，不要给予过多的关注。而对于那些生活中从未制订过类似计划的人来说，"Excel表格"可能是一个陌生的词，不守时也可能是一个问题，他们应该在治疗的最后阶段再开始学习时间管理。当然也有些例外，这取决于是否适度。

一般来说，治疗并不意味着要成为另一个人，更不是要走向另一个极端，而是要进行适度的微调。治疗就是找到我们可以承受、可以接受的调适程度，使我们能够更好地生活，也使我们与一起生活的人能够更好地相处。

从内化的要求到膨胀的超我

"自我优化"是一个复杂的词，但越来越多的人很自然地使用它。不断优化的努力使人希望变得更好，或是应该变得更好，甚至必须变得更好。越来越多对自己不满意的人被我们这个时代的美丽和效率标准影响，但还是毫无怨言地服从这些——大多是无意识的——无处不在的期望。

而 21 世纪的数字病人也不断被提醒说他的潜力未被完全开发，并越来越感觉到如果他不想被抛在后面，他就必须加入自我优化的行列。机器和人工智能也一直在变得越来越好。进步的速度越来越快。数字病人早已（不自觉地）深深内化了这一点。我们所说的"内化"指的是随着时间的推移，这些外部的期望变为我们自己内心的期望。这是一个潜移默化的过程，没有起点，也没有终点。

这与我们形成超我的机制相同。例如，父母的过度严格、以成就为导向或道德化的期望，会变成（自己的）过度严格和道德紧张、僵化的世界观和自我形象——随着时间的推移，会变成膨胀的超我。我们说的是"恪尽职守的超我"或"超我压力"。

如果所有这些无意识的指点和期望从未受到带有批判性和有意

识的质疑，一个人就会被困在这些内化的（自我）要求中。因此，我们练习自我优化的策略——尽管看起来是自愿的。我们进行记忆训练，练习集中注意力的技巧，不顾背痛地盘腿打坐和做冥想，口头强调自己性格中积极的一面并掩盖消极的一面，也就是说只向外界展示硬币的一面，即强大或理想的一面。但是，当自我优化的策略、所有的训练和钢铁般的自律不再足够时，我们又该如何应对呢？这时我们就需要帮助自己，寻找一种日常生活中的"兴奋剂"。

精疲力竭而死

现实往往是残酷的。德国人莫里茨·埃克哈特（Moritz Eckhardt）在美国银行美林证券公司实习时，于工作72小时后猝死于职场。这起事件发生在2015年，事发两年后，这家投资银行终于意识到必须改善其实习生的工作条件。自那时起，他们规定实习生每天的工作时间不得超过17小时，要求午夜前离开办公室，并且早上7点前不得出现在工作岗位上。

当然，每天工作17小时也会让人过度劳累。除去回家、洗漱、进食、睡眠、穿衣等必要时间，最晚6点半就要离开家前往银行，仅剩下最多四五个小时的睡眠时间。这种状况非常不利于长期健康。我们需要认识到，过度劳累对身体健康造成的危害不言而喻。

300年前，人们通常在床上睡12小时，尽管他们实际只需9~10小时的睡眠时间。当时没有闹钟，人们睡到自然醒。那个时候，没有人想过如何更有效地睡眠,也没有人知道所谓的"能量小睡"①。但是,在炎炎夏日的午后,人们会随意小睡一会儿来消暑。人们睡得舒服,根据身体需要来决定睡眠时长,有时睡很久,有时候,田间公鸡的啼叫或者教堂的钟声都会被忽略。在电力发明之前,人们的睡眠周期会随着太阳和季节的变化而调整。然而,现在睡眠和饮食都受到了绩效要求的影响。

英国伦敦金融城流传着一些年轻银行家的故事。他们下班后打出租车回家洗澡,更换内衣、衬衫和西装。匆匆洗漱后,再次搭乘出租车回到公司,继续不眠不休地工作,没有任何体味。然后,这些努力工作的英雄们将这称为"神奇转身",赞誉这种"神话般的工作效率"。

我认为这并不神奇。对于这种高效工作的人来说,仅靠微量的增强剂可能已经不够了。为了达到这种神奇的表现,他们可能需要大剂量的兴奋剂以保持高度的专注,或者需要在越来越短的时间间隔内使用药物。假如有一天晚上这些银行家被送进急诊室,医生可能会在他的病历中写上"大剂量使用多种药物而导致衰竭",或者简单地写上"因过度工作和缺乏睡眠而导致生命衰竭"。

城市男孩和女商人们的兴奋剂

欧洲毒品和毒瘾监测中心(EMCDDA)的调查也证实了这一现象。该中心每年会对欧洲主要城市(从英国泰晤士河到德国阿尔斯

---

① 指小憩一段时间以快速恢复精力。

特河)的废水进行检测,以检测麻醉药物残留物的浓度。例如,伦敦的可卡因使用量在工作日更高。能提高绩效的兴奋剂已经不再仅仅是周末的派对药物,而已经成为21世纪绩效社会中的一种常用品。在这个时代,兴奋剂的使用量呈上升趋势。

确实,欧洲年轻人最钟爱的派对之都巴塞罗那,在可卡因消费方面仍然排名第一。但排在此之后的城市却是一些"清醒而昂贵"的工作城市,如比利时的安特卫普和瑞士的苏黎世、圣加仑、日内瓦、巴塞尔与伯尔尼。来自纽约的兴奋剂经销商保罗·奥斯汀(Paul Austin)了解这些统计数据,并声称在像谷歌这样的大型IT公司中,经理们已经认识到长时间工作会对人产生破坏性影响。因此,他们现在更加强调假期的重要性。有些公司甚至会邀请保罗·奥斯汀参加研讨会,听听他关于假期替代方案的建议。尽管他们可能需要支付高额的报酬给保罗·奥斯汀,但从长远来看,这样做可能会节省大量资金。

2008年,一个名叫杰兰特·安德森(Geraint Anderson)的年轻银行家打破了伦敦金融城的沉默。当时二十多岁的安德森是"城市男孩"的一员。他们的目标是在几年内赚取最多的钱,并在此过程中尽情享乐,尽量减少因睡眠而错过的事情,每天晚上尽可能地挥霍,将白天看作赌场,将银行业视为一种复杂的纸牌游戏。

随后,安德森开始匿名发表文章,他的"忏悔专栏"很快受到推崇,之后,他的著作《城市男孩:伦敦金融城中心的金钱、性和毒品》(*Cityboy. Geld, Sex Und Drogen im Herzen des Londoner Finanzdistrikts*)引发了一场丑闻,引起了公众的激烈讨论。例如,他在书中描述了一次彻夜饮酒和吸毒给他的银行带来的超过200万欧元的损失。据说那时他的血管里还流动着来自玻利维亚的"好东西",这一点是不容忽视的。他因由药物引起的躁狂症(这是我的远程诊断,但应该是正确的,如果人们相信他的自我披露的话)而忽视了几个危险信号,甚至建议上司购买更多股票,尽管所有迹象都指向崩盘。他最吃惊的是,他竟然没有被解雇,还被允许继续过了几年"城市男孩"的生活,直到最后自愿隐退到宁静的乡下。他现在住在乡下的小屋里,养着鸡,不想再和城市的世界有任何关系。

增强剂鸡尾酒的饮料配方

俄裔美国 IT 企业家谢尔盖·法盖(Serge Faguet)也已停止使用微剂量药物。他把他的个人增强剂鸡尾酒和相关专业增强剂配方放在网上,供人模仿:"我今年 32 岁,已经在生物'黑科技'上花了 20 万美元。现在我变得更平静、更健壮、更外向、更健康、更快乐。"通过生物"黑科技",有针对性地对身体进行各种优化,他的身体脂肪减少了 26%,他睡得更好了,情绪也更加平和。

除了格斗运动、吞服激素类药物和遵循低脂肪、低碳水化合物的抗炎饮食计划(鱼、牛油果、绿茶等),他的方案还包括服用觉醒促进剂莫达非尼、情绪稳定剂锂(常用于治疗双相情感障碍)和满足感兴奋剂 MDMA(这也是摇头丸的基础成分)。这也是一种饮食方式。他在社交媒体上的签名是:"白天高效工作,晚上风流放纵。"

成千上万的追随者关注他在快车道上的生活,以及他前往哥伦比亚寻找高级食材的旅行。他将自己的饮食习惯称为"超人类增压饮食",并以此进行营销。只要投放足够多BUMMER机器的广告,并引起足够多的网红和有影响力的人效仿,再勤奋地发布所谓的"超人信息",就能在沮丧的人群中引发真正的热潮。

将止痛药成瘾作为一种商机

止痛药成瘾危机发生在古老的、数字化之前的世界中。它的起源不是在大都市的亚文化中,而是在制药公司。它在很大程度上是由健康产业造成的,在很长一段时间里,健康产业一直在市场上推出大包装、高浓度的止痛药。在这种情况下,"疾病产业"应该是一个更合适的称呼。

例如,1996年,普渡制药公司推出了一种名为"奥施康定"(OxyContin)的高效力、基于鸦片的止痛药。早在1990年,千万富翁约翰·卡普尔(John Kapoor)创立了英西斯制药公司(Inysys Therapeutics),并推出了"速必达"(Subsys)——一种高效的止痛药,强度是吗啡的100倍,采用口服喷雾的设计。金色的喷雾按钮让它看起来更像一个香水瓶。药物再一次被设计为看起来无害的样子。

这些药物被批准用于缓解所谓的"突破性疼痛",即晚期肿瘤疾病引起的疼痛。但制药公司很快发现,有这些极端和罕见症状的病人实在太少,无法通过芬太尼(速必达的活性成分)药物赚取可观的利润。因此,前调酒师或夜总会老板被招募到这些管理岗位上。普渡制药公司明确表示并不想招聘具有制药业知识的人;相反,他们需要的专长是无知加上不择手段。

通过腐败的制度，例如为甚至没有人参加的活动支付高额的演讲费，以及保险欺诈，即将轻微的疼痛，如偏头痛或轻微的背痛，分类进突破性疼痛，美国的私人诊所医生被诱使开出更多和更高剂量的芬太尼口服喷雾，即使是疼痛相当轻微，且之前没有尝试过其他可能的治疗方法的患者也会被过度治疗。

这种快速见效的止痛药对癌症患者来说是一种福音，但事实证明，它让人在身体和心理上迅速上瘾。一旦患者对药物产生身体上的依赖，医生就会继续增加剂量。数以百计的患者死于药物过量，直到2019年英西斯制药公司的高管们被制裁。与奥施康定类似，许多对其成瘾的人现在不再去药店，而是去找街头的毒品贩子，因为医生乱开处方的违法行为终于被制止了，他们现在只能通过注射海洛因或吸食可卡因来避免戒断症状。

猖獗的止痛药成瘾并没有像其他毒品流行病一样在大都市或亚文化中蔓延开来，而是在小城镇破旧的老工业区中传播。工人们服用奥施康定或速必达的原因与英国工人过去服用鸦片酊的原因非常相似——为了缓解他们日常的疼痛，麻痹生活的失意。

总结

当自我优化的行为策略不再足以满足需求时，人们就必须依靠日常的兴奋剂来获得帮助。这种发展方向从过去几个世纪常见的过度狂欢逐渐转变为21世纪的优化物质。人们日益沉迷于能提高绩效的消费，为了在工作中提高效率而不计代价。

两个截然不同的药物使用世界之间的差距正在逐渐扩大：一方面是年轻且收入可观的时尚人士使用微剂量药物，另一方面是被现代化时代抛弃、生活在旧工业时代世界中的后备队，陷入的阿片类药物危机。就像中世纪的鸦片酊一样，奥施康定或速必达使日常生活中的疯狂变得更容易忍受。不幸的是，在新的千年里，出于绝望的死亡似乎过于频繁地成为最后的解脱，特别是在没有接受高等教育的美国白人中。这可以说是新千年的一种名副其实的流行病。

为什么追求完美会让我们越来越焦虑？

我们往往不会质疑那些导致我们生病的系统，而是会自我检视，寻找问题所在，并努力让自己振作起来，以便在某种程度上仍然能够跟上这个系统。或者，我们会选择麻醉自己，以便能够忍受那些正在使我们生病的系统，而不是站起来与之抗争。一旦优化物质或麻醉剂的供应停滞不前，我们的反应就会变得越来越焦虑，因为缺乏供应，一切都无法完成或忍受。如果没有神经质的防御机制的帮助，这种想法就会变得过于有威胁性，让人难以承受。因此，我们必须努力抑制和远离日益增长的依赖性。

我们能做什么？

当你在上了几个学期课后意识到只有依赖兴奋剂才能成功地完

成法学院的学业时,那么最好的选择可能是停止学业,学会接受自己能力的有限性。然而,在美国的许多大学中,人们正在尝试比竞争对手使用更多的药物。这种病态的发展令人担忧,不幸的是,我在这里(指德国)的大学也听说过类似的情况。

如果你对某种物质产生生理依赖并陷入了成瘾,请毫不犹豫地与医生坦诚交谈。经过适当的诊断和转诊,接受住院戒断治疗是至关重要的,因为如果没有医疗监督,成瘾者可能会出现谵妄等并发症,甚至有生命危险。随后,你可以通过数月的住院或门诊戒断治疗来跟进。你的家人和你的生命都会感激你的勇气,当你在一年后回顾这个决定时,你会发现这是你人生中最正确的选择之一。

14　虚拟世界焦虑

#"上传至虚拟世界"还是"留在现实生活"？

游戏界的好莱坞在波兰，很多大卖作品都源自那里。迪拜的未来学家诺亚·拉福德博士（Noah Rahford）认为，电子游戏是未来的市场，并强调游戏行业的营业额已经是电影、电视和音乐行业的3倍。

目前最热门的游戏之一是《赛博朋克2077》，由500多名关卡设计师历时4年创作而成。这个游戏设定在一个阴暗的末日世界中，玩家将扮演一名私人雇佣兵，贯彻他们对法律和秩序的理解。在这个未来城市，你可以选择使用和平主义的策略或蛮力来对抗末日世界。

喜欢虚拟世界的自我效能感，而不是陈旧现实生活的无力感

无论我们如何试图操纵这个系统，至少在虚拟世界中我们依然

掌握着行动的主导权。但在虚拟世界之外，我们似乎已经失去了对全局的认识和把控，面对数据垄断、气候危机、世界金融危机、虚假报道、网络上越来越多的仇恨言论，我们感到孤立和无力。我们更愿意在虚拟的黑暗电影院中逃避现实，即使它们再黑暗，我们也选择在虚拟世界中继续生活。

虽然我们解决的是虚拟世界的问题，但我们所扮演的是可自我选择的角色，在无数游戏中扮演着不同的生命。在这里，我们依然可以从错误中学习。每个人都有第二次甚至第十次的机会。在这里，至少我们还可以干预并采取行动，确保正义或非正义。在这里，我们的子弹仍然能找到目标，我们的话仍然会被人听取。

关卡设计师迈尔斯·托斯特（Miles Tost）参与了《赛博朋克2077》的开发："我们的游戏反映了末日的一种假设，世界被一个超级大公司所控制……但在游戏中，你可以通过你的决定影响故事的进程……在电影中你无法做到这一点。"在这里还可以补充的是，在现实世界更加难以做到这一点。

游戏的主线是寻找一种承诺永生的生物芯片。有人会问，谁会想要这样的永生呢？但这个问题从来没有被深入思考过。游戏角色的身体是经过改造的：超人类、跨性别、可变形，角色都具有超凡卓越的目标。没有一个角色可以被明确地归类为某类存在。这些角色是超人类，而不是有缺陷的次优生物。这一点非常明显。

但现在已经没有时间进行哲学思考了。危险无处不在。不是思考，而是行动。什么？为了不去思考而行动？现在连问这个问题的时间都已经没有了。游戏世界已经牢牢地控制了我们，以至于我们不再质疑任何事情。它是一个拥有无限行动可能性的建构工具箱。

在这里，我们感到自信，充满效能。在游戏中，作为虚拟电子人，我们仍然能够跟得上人工智能和机器人，按照我们自己的想法来塑造网络空间，即使是作为一个人与机器的混合体——配备了可购买的电子植入物和皮肤，还可以用基努·里维斯（Keanu Reeves）的声音作为配音。

曾经，基努·里维斯在拍摄《黑客帝国》（*The Matrix*）时不得不在好莱坞演播室的蓝箱里疯狂旋转，但现在只需通过电子邮件发送一些语音样本给波兰的工作室，任何人都可以作为"赛博朋克基努"穿过"矩阵"（黑客帝国中的虚拟世界），用他的声音发布命令。然而，在屏幕之外，情况却大相径庭——那些在夜之城（《赛博朋克2077》中的虚拟城市）相关场所中寻欢作乐的人，在现实生活中却经常遭到拒绝。

最妙的是，夜之城中脉动的生命会根据我的决定来调整，而不是我来迁就它们。我是该给反派罗伊斯钱呢，还是把他的头打掉？一个充满电线和脑浆的脑袋，一个充满肌肉和机械的身体。这个肥胖的肉体和硅胶的堆积物，到底值不值得我的人类式同情？罗伊斯还是一个人吗，还是只是一台机器？我必须作出决定，而我的决定将决定"现实"。在游戏中我拥有至高无上的权利，在游戏外却毫无话语权，软弱无力。

直到我不得不在几个小时或几天后再次走到明亮的日光下。因为玩家也要吃饭。规矩地在结账处排队，擦拭我那有雾气的眼镜，输入密码，把所有补充能量的东西装进我带来的用了无数次的袋子里，向收银员说再见。（这像是英雄的样子吗？）我很快就回到了夜之城。当我继续战斗时，我漫不经心地啃起了肝脏奶酪卷。因为我的注意力属于夜之城，而不是慕尼黑的步行街；我的注意力属于"邪恶的公司和他们的雇佣兵"。

只有将虚拟竞争置于首位，让现实生活不得不退居次要位置的人，才有机会最终成为游戏行业的明星。这些顶级的油管游戏大神发布他们在各种游戏中的操作视频，或者直播他们与其他玩家的对战。

然而，就在谜底即将揭开之际，游戏公司又推出了新的关卡。仓鼠轮再次开始旋转。你几乎就要成功了，但现在又回到了原点。游戏的设计目的就是让人上瘾到极致，关卡设计师总是走在玩家前面。按照商业逻辑，没有人会被允许永远获胜。所以，游戏就像有无限季的连续剧一样，可以无限地延续下去，成为一个没有尽头的永动机。

尽管如此，你还是愿意做一个赛博朋克角色而非平庸的市民，愿意做一个游戏者而非失败者。这里仍然需要你，在这里你必须迅速作出决定。或者说，这是唯一一个你仍然可以决定一些事情的地方，在这里你的存在尚且还能产生些影响。即使只是虚拟的，只是在我们的头脑中。任何影响都比无效的无意义要好。

有一些游戏玩家为自己钟爱的游戏角色购买时尚的服装，称之为"皮肤"，他们每个月花在这些皮肤上的钱甚至比给自己买衣服的钱还要多。但真正会为自己的真实女友或男友这样做的人又有多少呢？如今，一些时装设计师和品牌专门为虚拟皮肤提供服务，他们的收费几乎与为真实的人设计衣服的同行不相上下。一些电脑游戏虽然可以免费下载，但游戏公司从用户的网络购买瘾中赚取的钱更多。就像街角的酒吧一样，第一杯酒往往是免费的。上瘾无处不在，无论是在线上还是线下。荒谬的是，门槛越低，一旦入了迷，就越容易陷得很深。

"虚拟现实"（VR）技术可能将被证明是加速游戏行为成瘾最新的载体。因为交互式 3D 世界有更大的成瘾潜力，它将真实的感官和运动融合在一起，使机器和肢体紧密结合。在这里，人们不再是单纯的观众，而是直接与他们的行动紧密相连的角色。他们可以亲身体验自己行动的奇妙效果，而不像在现实生活中那样经常感到无能为力，对环境几乎不产生影响，更不用说影响全球了。

为什么鸽子和人类喜欢意外的幸福感？

与网络空间相比，现实的物质世界由交替出现的一系列的损失和偶尔的收获组成。这种间歇性的强化已经被心理学家斯金纳在他对鸽子的实验中确定为最大的成瘾因素。如果鸽子每次按动反应杆时都能在食物分配器中得到一粒扁豆或其他奖品，它很快就会失去兴趣。在这方面，人类也是以非常类似的方式行事。然而，如果奖励只在较长的时间间隔内给予且没有可被识别的奖励规律，那么鸽子和人类就很难停止不断地追逐稀有的幸福感。

例如，在拉斯维加斯，你可以看到成千上万的人挤在一起，连续几个小时不停地拉动老虎机的把手，只要在巨大的赌场大厅中偶尔听到硬币滚动的声音，或者是设计师精心制作的代表意外幸运的主题音乐。甚至这些赌场大厅的设计也只是为了增强上瘾。因此，大厅中没有窗户，也没有挂钟，以便所有的赌徒都尽可能沉迷于对游戏的狂热之中，忘记他们已经浪费了多少时间和金钱。

人们也可以用这种方式来解释全世界对足球的独特和疯狂的热情。由于进球足够稀少，运气和机遇发挥了足够大的作用，球迷们对这些间歇性的、相当罕见的和不可预测的幸福感上了瘾。有时候，一场足球比赛中可能都没有进球，或者裁判作出一个有争议的点球判罚就决定了比赛的胜负。在伤停补时阶段，球会击中横梁弹入球门，还是飞向看台？这些情况可能使球迷们欢呼雀跃或咬牙切齿。相比之下，在篮球比赛中，球员们经常投篮超过一百次，通常胜出的是更出色的一方。

如果赌徒和游戏玩家能看到世界的真实情况，他们就会意识到，他们大多数时候都是输家。

然而，这正是没有人愿意接受的现实。这也使许多游戏和游戏情境被设计成这样的方式：让我们相信自己即将获胜，以维持我们的希望。理想情况下，你几乎总是要赢的样子，但实际上，你几乎总是输。而这里的"理想情况"指的是：依据上述标准设计的游戏，能够最大限度地让人上瘾——当然，这也只能是那些高端的人类工程师的杰作。

逃离者 4.0 的虚拟替代世界

我认为，当虚拟和现实生活之间的分界线变得越来越不清晰，当我们在虚拟世界中获得的体验比我们通常在日常生活中得到的体验更强烈的时候，它给我们带来的困惑是无可计量的。也许很快，这种在虚拟世界中的体验就会比大多数人徒步登山、接吻、背包旅行或在邻居家花园狂欢时获得的体验更为强烈。

电影《头号玩家》(Ready Player One)是由史蒂文·斯皮尔伯格(Steven Spielberg)执导的科幻冒险片,改编自欧内斯特·克莱恩(Ernest Cline)2010年的反乌托邦科幻小说。故事设定在未来世界中,一个现实和虚拟现实的界限已经消解的世界。未来的年轻人在严酷的现实中只能体验到强烈的悲伤和纷争,而强烈的快乐和幸福的时刻只能在网上的虚拟平行世界"绿洲"(OASIS)中获得,这是现实世界中的一片虚拟绿洲。

这本书本身更具社会批判性,更加细致入微。然而,只有这部精心制作的好莱坞大片才能制造一场视觉盛宴,并传达这样一种想法:交互式3D世界能够展现出多么令人上瘾的强大吸引力。就算像我这样从未使用虚拟现实眼镜和附加设备玩过游戏的人,也能深刻感受到这一点。如果像影片中那样,我穿上全身套装,让自己在身体上感受来自虚拟世界的触感,那将是互动体验和沉浸感的巨大提升——但同时也更有可能让人上瘾。

剧情的核心部分非常简单,类似于夜之城中的阴谋诡计:在2045年,地球上的许多人口中心已经退化为贫民窟般的城市。世界变得阴暗:石油储备已经耗尽,大部分人生活在贫困之中。人们唯一的希望就是在线平台"绿洲"——一个虚拟的替代世界,在那里他们可以生活、工作、上学和玩耍。为了摆脱沉闷的日常生活和贫困,人们几乎只在电脑游戏中度过时间,在那里除了吃饭和睡觉,几乎可以做任何事并体验一切。

在"绿洲"的创始人哈利迪(Halliday)去世后,一场虚拟的全球狩猎行动开始了，目的是争夺他留下的十亿美元财富和对"绿洲"的控制权。主角是一个名叫韦德（Wade）的少年，他以化身帕西法尔（Parzival）的身份参与了这一挑战。他的对手是诺兰·索伦托（Nolan Sorrento），掌管着一家有着不人道工作条件的公司。正如人们所料，韦德和他的朋友们设法找到了解决方案，从而获得了对"绿洲"的控制权。他们决定每周二和周四关闭"绿洲"，以此使人们在现实世界中花更多时间。这是一个不太现实的大团圆结局，好人相拥而泣，坏人被带走，所有网络成瘾者每周二和周四更多地生活在现实世界中（且没有戒断症状）。

这部电影，或者说更多的是这部小说，对游戏在未来社会中的角色进行了展望，也思考了游戏可能导致的后果。它要传达的核心理念是：人们需要更多地生活在现实世界中，因为只有在那里才能进行真正的身体接触和人与人之间的交流。这是值得期待的。

元（宇宙）——作为幸福绿洲的超级企业

即使对于美国来说，欧内斯特·克莱恩的小说也是有先见之明的。马克·扎克伯格正在全力打造一个类似于"绿洲"的平行世界：脸书希望创建一个虚拟世界，用户可以在其中购物、交流和体验事物，就像在"绿洲"一样。马克·扎克伯格希望到2025年将脸书转变为一个所谓的"元宇宙公司"。自2021年年底起，脸书的母公司改名为Meta。脸书子公司Oculus的VR头盔是Meta公司计划的一个重要组成部分。该子公司于 2014 年以 20 亿美元被收购并纳入 Meta 集团。

"元宇宙"（metaverse）这一概念可以追溯到美国作家尼尔·斯蒂芬森（Neal Stephenson），他在 1992 年的科幻小说《雪崩》（*Snow Crash*）中首次使用该术语。斯蒂芬森所描述的"元宇宙"，指的是一个融合了物理世界、增强现实（augmented reality，AR）和纯虚构的虚拟现实（VR）的网络世界。这个概念与"绿洲"所展示的吸引力几乎是一致的。

马克·扎克伯格目前也在追求类似的目标：Meta 公司致力于创造一个平行世界，而不仅仅是在一个二维社交网络上进行点击或发布帖子的活动。这个世界将比当前残酷的现实更具吸引力、更丰富多彩、更舒适。扎克伯格在接受科技博客边缘科技（The Verge）采访时表示："你可以将元宇宙视为一种实体互联网——不仅是观看内容，而是你本身置身其中。"这听起来有点像是面向成年人的童话故事。在 2025 年，我们是否能进入这样的互联网世界，这还有待观察。但可以确定的是，在这个比特和字节加速发展的时代，科幻小说似乎只有十年的半衰期。

总结

游戏世界深深地迷住了玩家们。它是一个有无限可能性的建构工具箱，让玩家感到自信并体验到自我效能感。在游戏中，作为一个虚拟的半机械人,人们能够跟上人工智能和机器人的步伐,按照自己的想法塑造网络空间:宁可做一个半机械人,也不做一个平庸的市民;宁可做一个游戏者,也不做一个失败者。他们享受着虚拟世界中的自我效能感,拒绝接受现实中的弱势无能。

虚拟和现实生活之间的界限正逐渐变得模糊,虚拟体验变得越来越强烈。许多人在网络空间中的体验已经超越了在现实生活中攀岩、接吻、搏击或海上冲浪的经历。在一个闪耀着未来光芒的纯虚拟大都市中拥有一栋别墅又有何不可呢?或许你会笑,但美国已经有第一批房地产经纪人开始专门从事"虚拟房地产"的交易。欢迎来到这个美丽的新世界——一个巨型的、充满想象的元宇宙,在这里体验多姿多彩的虚拟生活,而在现实中却生活得贫困潦倒。

为什么遁入虚拟世界的逃避会让我们越来越焦虑?

因为我们对现实生活的失望日益加深。现实似乎变得越来越艰难、乏味、缓慢,甚至失去了意义。生活中的种种压力和挑战似乎让人感到无法承受,使人不再觉得努力是值得的。我越来越对现实生活感到紧张和不安,仿佛正在经历一场"3D超慢镜头"的慢动作,就像一位病人曾经向我描述的那样。与在虚拟世界中迅速取得成功、体验强烈新感觉相比,努力面对现实生活变得越发费力和令人沮丧。

我们能做什么？

确保我们和我们的孩子只在虚拟世界中投入一小部分时间。在我看来，这将意味着离开现实生活的时间最多不超过我们清醒时间的 1/10。如果它已经是成瘾行为，即长期依赖，我认为几个星期的戒瘾是不可避免的。你可以选择退回到一个没有网络的孤岛或者偏远山谷，远离虚拟世界和互联网的干扰。没有智能手机，也不需要在群聊里分享旅行照片，没有游戏机或者聊天应用——这也被称为"数字排毒"。然后尝试有控制地接触网络，控制所花费的时间。这不一定是要斥巨资去一个阿育吠陀寺庙[①]，你也可以只是说"我出发了"，然后就开始徒步旅行。它也不一定是朝圣之路，任何没有网络的乡间小路都适合，幸运的是在德国还有很多这样的小路。

如果这些还不够，你可以在媒体成瘾专业协会的网站上找到德语地区的所有治疗机构和咨询服务的概况介绍。

---

① 意指阿育吠陀寺疗养中心，德国的一家提供传统印度医学疗法的连锁疗养中心，提供瑜伽、按摩、草药疗法、营养咨询等项目。

第三部分　意义 4.0
关于意义和希望

15　假新闻焦虑

#假新闻满天飞，如何不被"带节奏"？

进入 21 世纪，新的信息来源如雨后春笋般涌现。这些新信息的提供者很快意识到，从经济角度讲，谎言胜过真相，具有丑闻性的虚假信息比不带感情色彩的纪录片和翔实的研究报告要有利可图得多。

谎言是商业计划，真相是小众产品

在一项为期 10 年的长期研究中，麻省理工学院（MIT）研究了推特上的用户行为。研究人员发现，正确的事实被传播最少，且传播速度最慢。虚假新闻的传播速度是（令人清醒的）真相的 6 倍，能触及的用户数量是后者的 100 倍。这也意味着 600 倍的利润。政治谣言的传播速度甚至是真相的 18 倍，并拥有达 300 倍的传播范围。

本·斯科特（Ben Scott）是一位数字竞选策略师，现在为欧盟委员会提供咨询。在一次采访中，他指出，精准定向营销的危险仍然被大大低估，尤其是在德国——人们低估了舆论的转向以及从中获利的可能性。然而，"狂野的西部经济"[①]及"强者为王的状况"早已到达德国。这个规则是地球上每个角落的青少年都懂得的。

有趣、丑闻、耸人听闻、可怕、令人不安或情感强烈的谎言，它们被点击和分享的次数要比更重要的、清醒的、有分寸的、细致入微的真实报道多得多。在数字经济时代，点击率和停留时间（活跃度）成了利润的代名词。

在家里制造出的度假旅行

荷兰的一名艺术学生齐拉·范登·博恩（Zilla van den Born）将"编造"提升为一种艺术概念。她写了一篇关于所谓"度假"（fakecationing）的本科论文——这是一个由"虚假"（fake）和"假日"（vacation）组成的新名词，意思是假装在某处度假。此外，她模拟了一场真实度上令人叹为观止的假日旅游。她对亲戚和熟人声称，她正在亚洲旅行。她借用了一些应景的装饰品和修图软件的帮助，在社交媒体上发布了一系列度假照片，这些照片实际上都是在她位于荷兰阿姆斯特丹的公寓里拍摄的。

卡尔·梅（Karl May），德国著名作家，撰写了大量享誉全球的探险冒险类小说，尽管他从未真正到过他笔下描写的那些国家，然

---

① 指美国19世纪淘金热时，社会没有规则、强者为王的状况。

而,他却以如此丰富的语言和看似真实的笔触分享了他的假想冒险经历。例如,他曾在德国萨克森州的客厅里以老沙特汉德(Old Shatterhand)[①]的身份拍摄照片,手持着科茨科恩布达尔所制造的银质步枪。这样的情节构思让他的读者群甚至到今天都认为卡尔·梅是一个真正的西部英雄,而不是一个只是在写作中塑造虚构形象的人。如果他以自己真实的身份——一个普通的萨克森州市民——出现,他的作品可能就不会有数百万的销量了,同时代的人们也会对他的故事产生怀疑。

对真实性和明确性的日益渴望

谎言越泛滥,人们对真实、纯粹、原汁原味和不被扭曲的东西的渴望也就越发强烈。哲学家埃里克·席林(Erik Schilling)用一整本书来探讨这种真实性。席林认为,对真实性的追求激增是对数字化、经济全球化和晚期现代主义所带来的表面上的混乱和复杂性的快速反应。他认为真实性是我们这个时代最有意义的渴望,是一种对真理、清晰性和控制的追求。

随之而来的是,我们将逐渐丧失对专业性和情境性的重要认识,我们对矛盾性的宽容也将减少。对情境性的宽容意味着我们承认情境和背景的影响,接受个体可能会因情境和环境的不同采取不同的行为方式。举例来说,我们不会期待一位喜剧演员在表达忏悔时也要保持幽默感。

---

① 卡尔·梅小说中的虚构角色,是一位精通枪法和骑术的西部牛仔。

但这是彻彻底底的真实!

在追求真实性的背后,是对清晰性和真理的强烈渴望。我们所渴望的东西越是稀少,这种渴望也就越是强烈。稀缺的东西往往具有更高的价值。我们对真实的经历、真实的艺术作品、真实的氛围、真实的本土文化和真挚友谊的需求正在不断增长。

但是,什么才是真实的?为什么它是真实的呢?席林将"真实"定义为观察结果与观察者期望的一致性。真实的讨论与被观察者或事物本身无关,而与观察者对事物的期望相关。席林的著作邀请我们接受自身和他人行为中的自相矛盾,并在探究感兴趣的事物时,更多关注事情的多面性和问题本身,而非一味寻求明确无误的答案。"明确"在这里的意思是:符合我的期望。

对于矛盾的容忍意味着以开放的心态对待矛盾,接受自己和他人的变化,不把一切都固定在对真实性的个人理解上。过于强调自己对真实性的看法会导致焦虑、僵化的思维和对矛盾的低容忍度。

现今的青少年,以及越来越多的成年人,倾向于在交往几周后就因为对方做过一件"不酷"的事情而选择分手。即使是微小的不舒服或不安也足以让他们完全改变态度:对方被淘汰、被拉黑、被筛选出去,就因为某些行为不符合他们的期望。现在人们的判断似乎变得越来越极端,要么是赞成,要么是否定,中间的可能性似乎越来越小。

一个人最初形成的第一印象常常被视为真实的和本质的。随后,这个印象被固定下来,很难改变。我们会通过心理防御的方式抵制他人不同的看法、不同的看待事物的方式。因此,任何偏离这种印象的行为都被视为谎言。越来越多的时候,我们对他人的看法仅仅基于网络上的一些数据。

席林在寻找真实主义的过程中,也观察到人类对逝去的原始生活的渴望。我们被扔进了一个虚拟的数字世界,在这个世界里,我们失去了我们一直珍视的简单而明确的真实性;我们被越来越复杂的技术所包围,明显地失去了我们在时间、空间和感觉上的定位。因此,我们渴望找到一个固定的方向,这个方向就是真实性。

在网络世界里,什么是真实的?

数字化可以明显地拉近人与人之间的距离,使我们在不愉快的事情上花费的时间越来越少。我们拥有了更有效的治疗疾病的方法,社会各阶层也能够在几秒钟内获取知识。即使是那些拥有最奇特兴趣或喜好的人,现在也能够与世界各地的人,甚至与最偏远地区的人互动。然而,与此同时,我们似乎越来越怀念简单而质朴的生活,并渴望重新获得它。

当然,我也认为数字化带来的所有优点都很不错。然而,这并不能掩盖数字化的缺点,正如席林所指出的:"从某种程度上讲,我们是简单的石器时代的人,我们需要的幸福莫过于——裹着蓬松的毛皮,和一些亲人坐在篝火旁,烧烤着一块美味的剑齿虎肉。然而,在一个数字化和经济全球化的世界里,篝火在油管视频里,毛皮来自宜家(IKEA),剑齿虎肉来自超越肉类公司(Beyond Meat)[1],而

---

[1] 一个食品科技公司,提供植物制成的人造肉。

亲人则出现在交友软件上，在那里他们被舒适地左右滑动。"在这样的世界里，追求真实性变得至关重要，以弥补这种缺失。

深度造假——更高级别的欺骗

在我们生活的世界里，能够亲自检查某样东西是真还是假、是对还是错、是原件还是复制品的情况越来越少。以前，你还能品尝到真正的剑齿虎肉（而不可能尝到假的）。但现在，我们再也无法自己验证图片或视频的真实性，或者网络上聊天伙伴的身份，而这只是个开始。

所谓的"深度造假"（Deepfake）将变得越来越难以辨别。深度造假应用程序已经能够随意组合视频中的声音、内容以及人的外表和相貌，以至于在短短几年内，只有专家才能对视频文件的真实性进行审查。目前，你在视频网站上很可能随意就能看到一段深度造假视频。

希望很快就会有检测深度造假的应用程序出现。这样的工具可以让我们自行验证事物和经历的来源，这在未来可能变得更加重要。然而，关于信息发送者和来源的彻底混乱将使社会变得越来越危险。很快，每个人都可以使用剪辑在一起的视频来证明不切实际的说法。

20年前，数字图像编辑还处于起步阶段。然而现在，即使我们已经有了20年的数字图像编辑经验，要验证照片的真实性仍然是一件困难的事情。起初，只有少数人能够拥有昂贵的图像处理软件；而如今，任何人都可以在智能手机上加工伪造他们的照片。视频以及所谓的真实声音、动作、外观、手势和面部表情，将变得越来越难辨真伪。

哲学家查尔斯·泰勒（Charles Taylor）早在 2007 年就提出将当代称为"真实性时代"。自那时起，人们对真实性的渴望便大大增加。数字化程度的提升意味着更多的虚假信息，经济全球化的发展则加大了虚假信息的传播范围，但同时也意味着人与人之间的联系更加紧密。正如席林所描述的："数字篝火为那些无法拥有自己壁炉的人带来了温暖和安全感。"这些积极的影响也必须得到明确的提及，因为在人类历史上，我们从未像今天这样在几乎所有生活领域都拥有如此良好的条件，而这不仅仅发生在西方发达工业社会，正如尤瓦尔·诺亚·赫拉利在他的《人类简史》（*Sapiens: A Brief History of Humankind*）中所生动阐述的那样。

否定显而易见的事实

新社交媒体相对于传统媒体是否更真实、更未经过滤？社交媒体早已成为新世纪各种自我展示和摆拍的首选平台。从这个角度看，可以说每个人都能在全球公众面前不加审查地展示自己，展现他或她想要呈现的形象。因此，在某种意义上，社交媒体可以被描述为一种特别真实的个人交流方式。

至少从表面上看，几乎任何人都可以毫不费力地参与其中，因为拍摄一张照片、发布和得到评论都能迅速完成。每个用户只展示他或她想要呈现的内容。参与的门槛很低,几乎每个人都可以注册一个账号。在这种情况下,发送者和接收者之间的距离似乎在不断缩小。数百万人相信一条推文的发布来自明星本人,而不是明星的新闻发言人或公关代理人。

然而,我们在社交媒体上呈现的形象经过了部分的反复考量和刻意压缩,因此实际上并不是真实个体的真实表达。我曾经有一个病人,他的工作是为知名运动员塑造在社交媒体上的特定形象。他精心编排帖子,使其看起来像个人动态,然后让体育明星发布准备好的内容。当时,我对这种操作感到非常惊讶。

当我在社交媒体上向我的粉丝和全世界展示一张照片时,根据不同的解读方式,可能会透露出特别多或特别少的信息。更糟糕的是,有些人把虚构的艺术形象当作真实,并将其作为真实来推销和宣传。糟糕的是,我们永远无法确定网络上所面对的形象是真实还是虚假的,这也正如我们在第1章中所看到的。因此,我们对社交媒体的不信任日益增长,同时对明显真实的事物和可验证真实性的事物的渴望也在增加。实际上,社交媒体强调对真实性的感知取决于接收者的情况。也就是说,我是否认为基娅拉·费拉尼发布的婚礼照片和视频是特别真实的,更多取决于我对时尚界人士婚礼的看法,而非事实真相。

甚至连一些小错误、失误或无伤大雅的尴尬瞬间,现在也被刻意设计成节目的一部分。显然,只有无害的个性弱点才会被真实地展示出来。比如,骨瘦如柴的女网红们特别喜欢坐在床上,前面摆放着一堆五颜六色的甜甜圈,她们笑得那么急切,仿佛马上就要大快朵颐。

然而，实际上当摄影完成后，骨瘦如柴的女网红并没有患暴食症，那十几块涂有糖霜和巧克力碎的甜品可能送给制作团队了，而她自己则去冰箱里拿出冰沙或半个牛油果。然而，受众粉丝们看到这样的内容后，会认为卡路里炸弹只会在自己身上爆炸（只有自己会长肉）。如果有人想像网红们（看起来的）那样享受食物，然后还能像她们一样拥有苗条身材的话，这样的谎言只会导致暴食症。

从包装兜售到品牌

社交媒体中的这些表演有助于人格的"标准化"：一方面，网络红人们趋于迎合粉丝的期望（变得越来越单一），另一方面，粉丝们期待的也越来越相似，要求却越来越特别。总而言之，社交媒体导致了一个多样化的社会环境，却试图呈现一个统一标准的人格形象。因此，人们寻找具有辨识性的特征，寻找手段来包装自己，希望最终成为一个品牌——一个越来越精准地契合预期形象的品牌，因此能够完全服务于消费者的渴望和欲望，这反过来又实现了最大的利润。

真实的东西也因此并不是客观意义上的真实，而是我们认为符合我们预期的东西。如果某人在视频中的行为符合我的期望，我会认为它是真实的；如果他的行为与我的期望相反，我就会认为它是不真实的，是做作的或伪装的。因此，一个性感明星的生日视频就应该比一个网球职业选手的生日视频更具有挑逗性，以便能被大多数人认为是真实的。

当一个演员想改变戏路，扮演一个情人而不是反派时，他也不得不与我们的期望作斗争。只有在很少的情况下，他才会得到观众的认可，因为这一切都不符合我们的期望和预测。这就是为什么我们开始很难接受同一个人会有不同的一面和不同的表现。

这就是为什么对真实性的狂热会导致一种单一化、同质化、具有识别价值的品牌或一个陷阱，人们越来越强烈地将自己和他人限定于此。我们失去了对他人和自己之间的差异（与矛盾）的看法。而那些致力于以某种形式（在线）展示自己的人，很快就会感受到期望的压力，千万不要"人设崩塌"，就像演员们所说的那样。只不过，他们所扮演的角色其实就是生活里的自己。但是扮演幸福并不一定意味着真正体验幸福。事实上，这两者通常是相互排斥的。我们要么轻松无意地享受生活，要么演出一种快乐的生活，并看起来让人信服，但不一定对我们个人的精神状态产生任何积极影响——无论观众可能有多喜欢这种表演。

非同质化代币——未来的防伪艺术？

因此，非同质化代币（non-fungible token，NFT）的需求量大也就不足为奇了。非同质化代币是一种不可代替的、受数字保护的资产。它以信息块为基础，像链条一样串在一起。它基本上与区块链的原理相同，每一个信息块都包含关于该对象的不同数据。非同质化代币是数字形式的指纹，它是唯一的，因此可用于识别一个原始文件。

例如，该技术被用来鉴定数字文件或计算机生成的艺术品的真实性。这种作为防伪文件的新源代码早已进入艺术界，相应的加密图像文件已经在拍卖会上被拍出几百万欧元。买家当然买到了一个经过防伪处理的真正的原始文件，但这是否意味着他现在拥有的是真正的艺术品？还是说，他仅仅拥有了真实的数据？"艺术 4.0"时代也需要艺术史学家，他们仍然需要评定一件艺术品的质量。真正的垃圾永远不会像精心伪造的"伟大艺术品"那样值钱。

我认为这些发展说明，在一个充满谎言的世界里，人们对一切真实、独特、不可复制和防伪的东西的渴望变得多么强烈。独特的、不可复制的和防伪的数字产品成为人们追求的目标，人们乐于为其支付现金。所谓的"真钱"，虽然只是纸片，但人们可能会想，至少还是看得见摸得着的纸，而不仅仅是无形的数据。金本位制真的曾经存在过吗？

这种感觉越来越强烈。所有这些没有头绪的想法给我们带来越来越重的心理负担，促使我们渴望真实和简单。"简单"这个词似乎名声不好。然而，几乎没有什么东西比简单的日用物品更让我感到愉快。奇怪的是，它们并不被称为"真实的"，不被称为"真实的锤子"或"货真价实的吸尘器"，即能够实现它们所承诺的功能。但在这里，如果用"真实"来描述它们反而是恰如其分的。

创造一个有利于我的虚假现实

那么，什么才是真诚的、真实的呢？哲学家理查德·戴维·普雷希特（Richard David Precht）问油管明星雷佐（Rezo）:"什么是真理？"雷佐说："哇，好问题！"普雷希特接过话茬："我的印象是，我们是按照威廉·詹姆斯（William James）的实用主义行事的：有用的就是真实的……我认为真实的东西很有可能就是到目前为止对自己有用的东西。因此，我将继续相信它是真的。"

在这里还有一个重复的原则：如果我足够频繁地重复一个谎言，不停地重复，越来越多的人就会相信它是真的。无耻的夸张和轻描淡写，加上频繁的重复；有时他们会夸张得面目全非，有时则轻描淡写——这取决于哪种歪曲在当下更有用。将事实夸大或淡化到无法辨认，直到事实成为传说——一种听起来很有说服力但仍然虚假的叙述。这样一来，你无须处理现实的事物和改变，却能通过大量的点击获取关注和刺激。数字经济并非这个原则的开创者，但把它利用到了极致。

还有一种——虽然很少见——说谎的机制，我想称之为"另一种极端的谎言"。真相的极端反面也被当作真相来兜售，并且如此坚不可摧，以至于正常的听众——也就是非病态的说谎者——认为它不可能是谎言。

这是历史上顶级骗子和明星伪专家的一个古老伎俩：他们声称的事情，是连一个普通人即使在最疯狂的幻想中也不会想到要撒谎的。例如，一个学生上课迟到了，并生拉硬扯地声称迟到的原因是他母亲正在接受癌症晚期的化疗。然而，在现实中，他只是去某个角落悠闲地抽完了他的烟而已。但是每个人都会想，如果有人声称如此离谱且极端不平常的事情，就一定有一些真实性。如果不是这样，就不符合我们对人性的基本认识。我们总是不自觉地将一个病态的骗子与我们自己和我们的极限道德底线做比较。

正如一般人不能够想象重度抑郁症患者无望的阴霾和精神瘫痪一样，即使普通人也会长期感受抑郁、悲伤和沮丧。在口语中我们常常会提到抑郁和自恋，但这与重度抑郁症和恶性自恋的临床情况毫无关系。我们要避免错误的比较，否则将导致危险的错误结论。

我们总是认为无法想象的东西不可能存在。我们的想象力极限被少数说谎者中的极端分子有意识地利用。这些反社会分子——以前被称为"心理变态者"——是掌握着这方面技术精髓的大师，他们在常人难以想象的、难以置信的、无法揣摩的谎言艺术中游刃有余。只有通过这种方式，谎言才能真正发挥其破坏性的作用。要进入顶级骗子联盟的先决条件是对谎言的后果和受害者完全麻木不仁，因为有同情心就会让人暴露。最高级的说谎者维持着扑克脸，是没有任何感觉（和表情）的。

无数的谎言导致了信任危机

哲学家马丁·哈特曼认为，所有这些现象只是更深层次问题——普遍的信任危机——的外在表现。在一个人们无法确定无耻谎言是否会受到惩罚的世界中，说谎者获得了巨大的权力，他们决定什么是真实的、什么是虚假的。"因此，如果我假设自己不再生活在一个普遍值得信任的文化中，那么这种文化对我来说就不存在了，这和我的想法对错无关。"哈特曼写道。这种对半真半假"真相"的热衷似乎旨在制造更多的不安和困惑。然而，说谎者总是能在混乱中找到最好的机会。

总结

伪逻辑神经症指的是强迫性、系统性或战略性的撒谎。21世纪初,新的信息来源爆炸性增长。所有这些新信息提供者很快就明白,充满丑闻的谎言在金钱上的收益远远大于令人清醒的真相——这种经济刺激对社会是危险的。

无论谁在这个意义上谈论真实或不真实,都不是在谈被观察的东西本身,而只是在表达自己的期望。在这个充满比特和字节的快节奏时代,人类越来越难审视什么是假的、什么是真的,以至于人们对真实性的追求,对失去的最初的纯真生活的渴望,正在不断增长。说谎者想让我们越来越多地相信真相实际是彻头彻尾的谎言,而谎言则实际上是真的。因为只有当我们迷惑的时候,我们才更容易受到影响和利用。无论是真相还是谎言,说谎者总是采取当下能带来最大利益的方式。撒谎专家的谎言往往超出我们的想象,这就是他们有极大影响力的原因。

为什么深度造假会让我们越来越焦虑?

由于我们越来越难以区分真相和谎言,我们自己的感官也变得越来越难以确定应该相信哪个版本的言论。造谣说谎的目的就是让我们陷入困惑,否则人们可能会直接说出事实真相。许多网络上的谣言导致了一种基本的神经性不信任,这使我们变得越来越疑神疑鬼、越来越困惑。然而,如果没有信任的基础,我们就既无法与世界建立联系,也无法与他人建立联系。我们变得越来越缺乏安全感、越来越孤立、越来越愤怒。谎言造成精神错乱的结果,我们在时间、空间和意义上失去了自我定位,不知不觉间成了谎言的同谋。

我们能做什么?

我们应该学会批判性地质疑信息来源。这也应该成为学校教育的一个核心组成部分——甚至可以开设一门全新的科目。我认为,在这个新千年的开始,与事实知识相比,所有人(包括儿童)的广泛媒体素养对我们的生存至关重要。我们还应该学习如何通过研究中立的消息来源来识别和揭露歪曲事实的骗局,以及我们如何在这个数字时代以有效的方式做到这一点。

有经济能力的人可以支持高质量的新闻报道平台(例如付费订阅),而不是继续天真地信任互联网上的免费来源,如自媒体。负担不起订阅费用的人可以访问提供免费内容的网站,但要确保这些网站能够提供高质量的文字。

16　信任焦虑

＃一个谎言重复一百次之后，就会变成真理。

当不忙于给患者看病时，来自慕尼黑的戴维·帕波（David Papo）医生喜欢和他的乐队一起说唱。帕波医生，艺名"戴维·佩"（David Pe），和其他美国说唱同行不同，他并不以豪车、美女或自己奢华生活的阳光面为说唱主题。

当我在亚马逊的搜索引擎中输入"戴维·佩"，想订购他的最新唱片时，我得到的是赞助医疗产品的推荐。搜索结果中除了戴维·佩的唱片，还有数以千计的其他产品：痔疮药膏、止咳药、哮喘胶囊、驱虫喷雾、昂贵的能量饮料、蚊香、胃灼热阻断剂和饲料补充剂。对我来说，亚马逊的算法仍然完全是一个谜，它是如何找到这些产品与说唱音乐的联系的？亚马逊的模式识别似乎还没有把戴维·佩看成——在我看来——德国最富有思想深度的说唱歌手，而只是把他列为全科医生戴维·帕波博士。将他与医疗产品联系在一起似乎可以更好地促销这些产品。

我怀疑这背后有一个系统，万一我真的受痔疮或哮喘困扰，我的健康数据会被读取吗?难道在我花时间听戴维·佩的歌之前,应该先解决我的痔疮问题?从这个角度看,不透明和不一致的选择模式可能本身也会引发新的阴谋论或偏执行为——如果本身就有潜在的心理倾向的话。

同时,许多搜索引擎更合适的名称应该是"广告轰炸机"。因为搜索结果越来越不符合我们输入的搜索关键字,相反,不透明的标准越来越频繁地影响着搜索结果。

媒体的舆论之争

十多年前,日本流感肆虐。当时有70%的日本人希望接种疫苗,直到在视频网站上出现了一个视频,该视频展示了一名日本女性在地毯上痉挛。在没有上下文的情况下,很难说这个视频上展示的行为与疫苗有多大的关联性。但是有人在互联网上多次坚称这些症状是由疫苗引起的。这种错误的说法或没有证据的猜测导致日本的疫苗接种率从70%急剧下降到1%。

即使事后案件得到澄清,证实视频里的情况并非疫苗接种反应,人们接种疫苗的意愿可能也无法恢复到以前的水平。后续辟谣信息的点击量很少。这也说明了社交媒体和数字技术平台影响力的另一个规律:造谣比辟谣可以获得更多关注。不幸的是,假新闻通常在媒体舆论的竞争中获胜。

疯狂的内在逻辑

阴谋论通常有一点真实的内核,并且总是有一个合适的答案和一个全面的解释,它们只是相应地进行调整,混入一些不对劲的东西。在这一点上,阴谋论类似于一个封闭的"妄想系统",也就是将个别妄想现象和感觉上的错觉连接成一个自成一体的系统。

这样的患者很难再通过讲道理来说服,因为医生和患者都是从根本不同的经验世界中得出各自的解释。两种观点都声称自己有能得出可靠结论的逻辑推导,而没有对各自的前提提出疑问。双方都坚持着不同的基本假设。然而,优秀的精神病医生不会参与这样的讨论,因为这只会进一步巩固系统化的错觉并强化患者的感觉,即自己不再被任何人所理解。

弗洛伊德的最后希望——理性

西格蒙德·弗洛伊德是奥地利有史以来最重要的人物之一。与对非理性的鼓吹相反,弗洛伊德在近一百年前就写到了将理性和智慧作为我们最高行动准则的重要性,这样神经症才不能肆意驱使我们:"想象一下,如果每个人都有自己的乘法表与特殊的长度和重量单位,人类社会将变得多么不可思议。我们对未来的希望是,知性、科学精神、理性在人类的灵魂生活中获得更高的地位。这种理性规则将被证明是人与人之间最强大的统一纽带。"西格蒙德·弗洛伊德于1932年在他的作品中如此谈到了这个希望的终点——理性。

七年之后，西格蒙德·弗洛伊德不得不逃离维也纳，逃到伦敦不久后，他以过量的吗啡结束了自己的生命。因为他无法治愈的下颚肿瘤，以及让他难以忍受的痛苦——来自身体的，同时也是来自这个时代的。

希望理性能够抵御 BUMMER 机器的轰炸，抵御对经济增长和市场垄断的贪婪追求，抵御数字市场上贪得无厌的自我推销。还有那些危险的个人、团体和组合，他们经常满世界散布可笑的阴谋论，在社交媒体上发文或叫喊。

当下，我们的感觉似乎又经历了另一个 1932 年，但理性仍有出路。

理性原则与快乐原则

作为理性的人，我们是否仍在寻找真正的解决方案？还是说，我们要继续以某种方式既无怨言又不快乐地生活下去？而我们是否在寻找不合理的借口，以便能够继续懒散下去（特别是在精神层面）？这样我们就可以继续忽视、压制和否认令人不安的事实。我们是按照理性和同理心的原则生活，还是按照快乐和自我主义的原则生活，努力把不愉快的感觉完全排除在"智能生活"之外，以便不受干扰地沉溺于不用思考的舒适中？我们的时间正在逐渐耗尽，很快我们就会痛心地怀念它。

纪录片《谎言之网》（*Im Netz der Lügen*）展示了欧洲顶尖研究型大学霍恩海姆大学的一项实验，其结果是：真相总是被打败。在这部纪录片中，克劳斯·哈尼施多弗（Claus Hanischdörfer）跟随两位传播学学者的研究，构思了一个假新闻网站，并在那里发表了一些很容易被识破的虚假故事。然后，传播学家们借助一个虚构的脸书账号，在网上尽可能广泛地传播这些故事——他们取得了令人担忧的成功。

我们是选择由本能驱动的非理性之路，还是遵循由理性驱动的现实意识？选择独立的调查记者还是来自网络回音室的假新闻？选择自然还是虚拟世界？

医源性神经症

我在诊所中注意到了这种神经症，这源自我与病人谈论对接种疫苗的非理性恐惧。这些恐惧有些基于互联网上的错误信息，有些则难以用语言去表述。有时，神经质的恐惧会让人在网络上寻求一个伪理性的解释，有时人们则试图通过压抑或否认来回避。然后，人们寻找分散注意力的方法，将事情琐碎化或变得可笑。这些神经性恐惧需要像其他恐惧症或焦虑性神经症一样去治疗。

所谓的"医源性精神障碍"可以理解为由医生或整个卫生保健系统的声明和整体态度引起的神经性恐惧反应。该术语还包括由医生的建议、整个卫生系统的态度和导向，以及他们的意见和指示所引起的恐惧反应。相比科学上的怀疑，人们更不愿意承认非理性的恐惧。我们在这里说的是用知识化的防御机制来抵御非理性的恐惧。

关于真正的阴谋和单纯的阴谋论

但阴谋论并不是一个新现象,就像文学和文化学者迈克尔·巴特(Michael Butter)在他 2018 年的书《事实非真相》(*Nichts ist, wie es scheint*)中所解释的那样。他领导着一个关于阴谋论的研究项目。这位来自图宾根的教授解释说,只有随着印刷品的传播,系统的阴谋论才能出现。

在 16 世纪,颠覆世界的技术和发明的中心在德国莱茵河畔的美因茨;而在 21 世纪,它在美国加利福尼亚州旧金山湾区。因此,在 16 世纪末——正如今天一样——越来越多来自欧洲不同地区的人相信存在着不透明的权力结构,相信有邪恶意图的人在背后操纵着一切。迈克尔·巴特说,在中世纪——与常见的猜测相反的是——没有足够的通信结构能够发展和传播系统性的阴谋论。

巴特认为,阴谋论如今卷土重来了。互联网具有多种形式的影响,既是阴谋论的制造者,也是阴谋论的放大器。阴谋论的传播是一种古老的模式,但如今经过网络中的信息茧房和算法的加工,配合可以任意组合的无数信息来源,阴谋论正在经历着一场复兴。互联网使人们能够与志同道合的人交流,无论他们来自哪里。人们有时只是在网络空间提出一个简单的问题,有时则是作为一个庞杂的系统,将众多个体的映射、猜测和推测性的因果关系组合成一个自成一体的阴谋论。

我们不再用棍子在村子里驱赶那些被认定为替罪羊的人,并给他们涂上沥青、粘上羽毛(这是过去对待异端的方式)。今天,共同的仇恨成为沥青,推特上的负面言论成为羽毛,谎言的反复回响是棍子和棒子，毁灭性的垃圾风暴和负面言论是数字化的火刑台，数不清的谎言像几百年前的烈焰一样熊熊燃烧。这些都是21世纪数字化追捕和网络曝光的武器。越来越多的人在数字枷锁下受苦和呻吟。成千上万次微小的网络攻击和打击汇聚成谩骂的海啸，有时甚至达到从职业上、心理上毁灭一个人的程度。受创伤的人甚至最后选择通过自杀来自我毁灭。

阴谋恐慌与游戏化

然而，迈克尔·巴特在他的书中也警告说要警惕陷入阴谋恐慌。这将是另一个焦虑的方面：对末日预言家和阴谋论者的恐惧，超过对真正需要果断解决的危险、问题或真正的阴谋的恐惧。对恐惧的恐惧也会使人瘫痪，在我的病人中，这种恐惧往往比对真正危险的恐惧更深。例如，尽管他们在互联网上惊恐地关注相关信息，却没有在日常生活中真正面对具体的威胁。

恐惧——多次分享之后——结果总是导致了更多的恐惧。这个假设是：谁只要谈论魔鬼，就可能把魔鬼招来。相反，可以说那些害怕阴谋论的人已经被这个想法纠缠住了，在恐惧的驱使下进一步想要寻求更多与之相关的信息。

在这个环境中，一切都被视作一场令人兴奋的"游戏"。用户成为"玩家"，并随后相信——似乎是以儿戏的形式——他们已经自己找出了最不可思议的联系。焦虑的用户和受恐惧驱动的用户正在被引导从一个充满丑闻的谣言跳到下一个，整个过程就像一个虚拟的寻宝游戏或追踪研究一样，表面看起来好像是这些受恐惧折磨的人自己自主发现这些联系和不好的状况一样。恐惧总是会引发我们人类通过获取信息来把控局面的需求，而当我们坚信是自己发现了这些联系的，我们就会更加无可辩驳地相信它们。

如果没有恐惧感会怎样？

人类可以发现某些内在联系，并采取适当的预防措施。我必须这样做，否则就无法生存下去。如果没有恐惧，我们或许可以一直平静地生活，直到一只剑齿虎真的站在山洞前。然而，这时再建造陷阱已为时过晚。无所畏惧，在现在和过去都是危险的。那些少数无畏恐惧的人，在任何时代都活不长。例如，亚历山大大帝，或者说是无所畏惧的亚历山大，后者可能更准确，他因为无所畏惧而在巴比伦英年早逝，去世时年仅 33 岁。

从恐惧到巧合

社会学家安德烈亚斯·莱克维茨指出，阴谋论的兴起是日益增长的无力感和失去支配感的结果。一般来说，所有超出主观控制的事件都可以被描述为不可支配的。尽管存在各种控制和规划的尝试，"消极的不可支配性"在晚期现代社会中仍然无法完全消除。总会有无法治愈的疾病，或者是人们无法逃避的备感压力的家庭关系。我们对不可预见的命运之手没有免疫力。市场的巧合也无法控制，就像地震或极端天气事件也无法控制，根据绝大多数科学家的观点，这些事件在未来几十年将大量增加。同样地，和平与自由既不是理所当然的，也不是永久的。

人们试图解释无法控制、无法预测的灾难和怪异的天气，因此千百年来产生了无数的神话：从代表 A 的"启示录"[①]（Apokalypse）和它的地狱四骑士，到代表 O 的奥德修斯（Odysseus）在他多年的疯狂之旅中对各种（自然）灾难的解释，再到代表 Z 的宙斯（Zeus）的惩罚性闪电。然而，人们并不甘心接受这种解释。

如果自然灾害增加，各种离奇的解释也可能增加——由于互联网的存在，它们比以往任何时候都更加匿名、广泛、快速和容易传播。匿名黑客攻击的数量增加，网络上的匿名性极大地鼓励了全球的偏执狂。因此，匿名的宣称和指控能在全球范围内引起广泛注意。这是一个非常新的现象，但这种现象的影响是不可低估的。

安德烈亚斯·莱克维茨指出，现代文化提供的安慰和解释也比早期文化少。因为在目前大部分的世俗文化中，我们往往别无选择，而是更多地感受到生活计划的挫败和或多或少的绝望。因此，我们往往采取投射的方式来确定某个可能对我们自己的苦难负有责任的人。在极端情况下，我们通过投射完全否认个人责任，且将我们的个人不幸归咎于精英或专业人士。

在这方面，我看到了阴谋论滋生的另一个原因和温床：人们普遍对精英产生越来越多的不信任，这种不信任已经跨越国界，成为一种国际现象。有时，这种不信任是抽象地投射到精英阶层的，或

---

① 指的是一种灾难性的状况或事件，通常与世界末日有关。

者投射到所谓的"幕后人员",甚至投射到像比尔·盖茨这样的个人身上。虽然有些政客可以对恶意言论泰然处之,但对追究网络上负面言论行为的责任却没有什么手段。

总的来说,被压抑的愤怒被一种感觉所强化,即自我控制的成功的生活似乎变得越来越遥不可及。它变成了他人的生活,也就是被憎恶的精英的生活,于是愤怒、嫉妒和挫折都被投射到他们身上。因为憎恨比自我憎恨更容易承受,而自我憎恨则保持在潜意识中,尽可能不被察觉。当一个人将注意力集中在对他人的憎恨上时,自我憎恨就更加无意识。这样一来,人们的注意力就会被分散,忙于围绕着一个主题单调地展开讨论。

强加的现实和生活的悲剧

在这个情境下,最初的自欺欺人越厉害,就越容易以为一切都在自己的掌控之中,就像在画板上一样快速规划自己在超车道上的快意人生。然而,当生活用巧合和命运的指挥棒将人们推向边缘、使人清醒时,失望以及往往随之而来的抑郁就越发令人震惊。生活——至少对我们大多数人来说——蕴藏着许多悲剧性的巧合,死亡只是其中不可避免的悲剧之一。

我曾在刚果的布拉柴维尔学习了几个学期,并在那里结识了一个叫加宾的年轻人。一天晚上,我们在街上告别。加宾穿着人字拖在土路上漫步,直到他踩到了一条黑曼巴蛇,20分钟后他就死在了我的怀里。葬礼仪式持续了好几天,最后大家似乎都相信是加宾的叔叔让一个巫师把自己变成了黑曼巴蛇，因为他总是巴不得侄子早点去世。然后有一只鸡被斩首了，它跟跟跄跄，最后不偏不倚地倒在了叔叔家的方向上。这似乎确凿无疑地指认了罪魁祸首，于是报复计划开始酝酿。

但如果他们能给加宾提供足够的钱，买双像样的鞋子，加宾可能还活着。或者，如果这条土路有一盏正常工作的路灯，悲剧也可以避免。我责备自己，至少我也可以给他买鞋的钱。那时，我决心学会接受世界和生活的本来面目。

我有了新的想法：我将坚持不加修饰的现实主义，不再有任何安慰性的假设、猜测或试图解释巧合的企图，这是我今后的座右铭。"赤裸裸的真相是一种治疗性的接触"，我这样充满青春激情地命名它。

当然，这是一条没有尽头的道路，这也是一条有时会非常痛苦的道路。但全心全意地接受现实——甚至是残酷的现实——会使你获得自由。这是我的经验。这种态度也使我更加放松，能够接受我生命中现有的一切，以及在这个地球上还可能发生的一切。当然，我并不总是成功。但自从30年前的那次经历以来，我越来越能接受现实。那次土路边的"巅峰经历"不可避免地改变了我的生活，使我更加心平气和、处变不惊。

虚假的阴谋论让人感到有压力，因为不能有任何与之相矛盾的事情发生。但由于阴谋论本来就是站不住脚的，时常会被戳穿、被挑战，这种情况制造了心理紧张。

重新构建是对现实的重新解释

病态的重新构建往往只是对愿望的表达和对现实的重新解释而已。就像我们为一幅画重新装裱，并宣称它是一个全新的艺术作品一样。例如，人们自欺欺人地认为，即使与深爱的人分手，那份伟大的爱情依然未消失，这段感情也可以继续下去——这只是为了减轻自己的痛苦。当然，如果我仍然相信那天晚上是天使将我的朋友带到了天堂的盛宴，即使是那条黑曼巴蛇——就像上帝创造的其他一切——也都是计划的一部分，那么"重构"的定义也会对我有所帮助。这种重新构建是一种重新规划，用以缓解生命中的痛苦丧失和悲剧——就像那条蛇在土路边引发的悲剧。因为我们都只是不希望出现意外的死亡。如果不进行重新构建，这种想法将是难以忍受的。

几周后，我看到一个法国护士在采摘芒果，她没有意识到自己正站在一条巨大的加蓬蝰蛇身上，而不是她以为的树根上。这种非洲毒蛇的毒液也和曼巴蛇一样威胁生命，但据说它们攻击性很弱，尤其是在消化阶段。这只是运气，还是加宾的叔叔已经吸取了教训？无论如何，护士飞快地尖叫着跑开了。我把这看作对我的新认知的确认，并猜测更多是前者（因为运气）。

《狐狸列那》（*Reineke Fuchs*）中的一个情节发生在葡萄园里。列那狐看到美妙多汁的葡萄在傍晚的阳光下闪闪发光，但它太小了，无论它如何努力、如何蹦跳，都无法够到这些美味的果实。童话中的狐狸也懂得重新构建。于是，它转身离去并吼道："反正它们也没熟！"

在这个意义上,人们可以区分两种重新构建:一种是将现实重新解释为幻觉,另一种是将扭曲的认知重新解释为合适和更现实的认知。前者强化了神经质的错误解释,而后者则带来了更现实且以解决方案为导向的世界观和自我评估。

通过这种透视,人们可以看到所有走出神经症的治疗过程的核心:我们对自己和世界的看法是神经质的还是现实的?存在着两种重构的方向:一种是神经质地将现实重新解释为幻觉;另一种是现实的重构,即勇敢地接受现实,并放弃陈旧的幻想。因此,我们应该敢于直面更多的现实。

总结

作为有理性思维的人,我们是仍然努力寻找生活中真正的解决方案,还是选择非理性的借口来忽视和压抑不愉快的现实?我们是否要把不愉悦的情感从我们的"智能生活"中完全排除,只为了沉浸于无须思考的舒适之中?我们应该将谎言还原为真实,而不是相反。一方面,体验生活的现实主义可能是有益的。另一方面,神话、假设、迷信、神秘主义会削弱我们个人以及社会的力量,极端情况下,甚至会导致偏执的阴谋论。

当然,人类对非理性的追求是永恒的。但即使我们不完全相信科学,我们至少应该遵循那些能带给我们治愈和团结的仪式化的信仰,而不是越来越多地传播会导致社会进一步两极化的迷信。否则,我们很快将失去共同的思想基础,无法讨论现实和我们应该追求的未来。在最好的情况下,我们将分散生活在不同的"回音室"中。而在最坏的情况下,我们将以一种不妥协的、无情的方式相互对抗,这种情况在人类历史上并不罕见。

为什么信任问题会让我们越来越焦虑?

因为我们越来越不顾一切地想要寻找一个原因或替罪羊,将我们主观感受到的无力和无可奈何(单一地)归咎于某种原因。在数字时代,通过互联网在全球范围内联网和放大,这种寻找得到了大规模的支持。一旦找到了所谓的罪魁祸首或原因,个人责任就被外包了,神经质、单调的抱怨甚至不作为都有了合理化的借口。

我们能做什么?

我们应该学会更辩证地看待问题,容忍矛盾的存在。进一步学习提升自己的同时,也应该允许其他观点的存在,不要把复杂的事情简单化,不要轻信夸大丑闻的头条和热搜。我们应该学会阅读与解读优质书籍和科学研究,同时在学校课程中更多地培养这些必要的技能。减少死记硬背的知识,多学习如何审慎、明智地分析事实和应用知识。

我们应该认识到并赞赏专业团队的重要性,特别是当我们无法自己调查、评估和判断现代复杂问题时。虽然这也许是一种露怯,但我们必须承认这一点，并遵从真正的专业人士的建议。

最后，我们应该学会接受现实的本来面目，而不是试图用神话来重新塑造它。我们应该无条件地接受现实，而不是通过脆弱的幻想来解释它。按照存在主义的精神，只有热情拥抱不可避免的事物，才能最终收获宁静与和平。因此，经过生活的考验，现实主义可以被视为治疗神经症的核心。我们应该勇敢地拥抱更多的现实主义，但也不要失去乐观的态度。我知道这并不容易，这种真正的英雄式的生活态度，在 21 世纪的现代社会可能会更具挑战性。但这从来都不是一件容易的事情。

17 对未来的焦虑

＃这个世界会变好吗？

环境医学——气候危机如何威胁着我们的健康

环境医学是一个新兴学科。克劳迪娅·特拉伊德－霍夫曼（Claudia Traidl-Hoffmann）是德国慕尼黑工业大学的环境医学教授，并在慕尼黑亥姆霍兹中心研究相关症状、成因以及新的治疗方法。她与科普记者卡特娅·特里佩尔（Katja Trippel）合作，在《过热》（*Überhitzt*）一书中首次系统地用德语介绍了气候变化对我们健康的影响，包括身体危害和心理压力。当我们阅读一些文章，了解到气候危机如何日益威胁我们的身心健康时，就会意识到这绝非闹着玩儿的事情。

热射病、艾草花粉过敏哮喘、白纹伊蚊（又称亚洲虎蚊）——全球气候和环境危机的影响不仅限于天气和森林，还直接影响我们的健康，包括心理健康。例如，2021年夏天，许多生活在遭受严重洪水袭击的德国阿尔河地区的舒尔德小镇幸存者，在经历了百年一遇的洪水数月后仍然需要接受心理治疗，以应对创伤后应激障碍[①]。尤其是那些无法拯救亲属或邻居的幸存者，他们面临着更大的心理压力。

世界各地正涌现出一系列新术语，试图对一种新的心理负担进行诊断性描述。面对看似无望的局面，人们开始谈论"气候抑郁症""气候绝望"或"气候愤怒"。澳大利亚环境科学家和哲学家格伦·阿尔布雷克特（Glenn Albrecht）提出了"安慰的痛苦怀旧"（solastalgia），这个新名词源自希腊语中的"algos"（意为"痛苦"）和拉丁语中的"solatium"（意为"安慰"）。因此，它描述的是一种普遍缺乏安慰的痛苦，一种怀旧情绪，对过去能够找到安慰的时代的痛苦怀念。我们怀念着一个人们身心健康并有足够安全感以保障健康的世界。

人为的气候变化带来的健康威胁不可忽视，无论是在身体层面还是心理层面。2020年4月，澳大利亚的大堡礁在灾难性的火灾之后遭受了五年内第三次大规模的珊瑚白化，"珊瑚礁之殇"一词由此诞生。我担心在未来岁月里，21世纪的新悲痛将催生更多新的术语。

---

① 2021年德国西部的阿尔河谷发生了一个世纪以来最严重的洪水，引发了德国国内对环境、灾难应对、政策等议题的激烈讨论。

悲观主义也不是办法

哲学家理查德·戴维·普雷希特对于几乎无法阻止的气候变化表示担忧,他认为这很可能会很快使世界上许多地区无法继续居住。他也不抱太大的成功希望,即认为我们能及时反思和改变观念,并为我们星球上的数十亿人创造良好的生活条件而同时不破坏自然,包括我们的大气层。

尽管他是现实主义者,但并非悲观主义者,更不是宿命论者,他呼吁人们应采取积极行动:"悲观主义的土壤肥沃且富足。但如果每个人都是悲观主义者,可以肯定的是,(毁灭的)反乌托邦就是最终的结局,因为甚至没有人会努力去改变世界的进程,使其变得更好。乐观主义者需要勇气,而悲观主义者却可以让自己自在地躲在懦弱背后。他只需要有足够多的想法相同的人来确定自己是正确的。"

然而,一个乐观主义者,即使期望未能实现,也总比一个看到自己悲观预期最终发生的人过得更有意义。

宿命论经常表现为非黑即白的思维模式,以及夸大或故意轻描淡写的总结和概括:他们注定没有成功的机会,他们都是失败者,是被低级欲望所驱使的人,是可怜的好人,完全朽木不可雕的,不可救药的,固执己见的,绝望的,天真的。简而言之,什么都那么无趣和无望!这种严重和绝望的描述使人们否认采取任何行动的必要性,因为行动的机会已经失去。放弃的美妙之处在于,如果救赎真的降临,你不必做任何事情。就像《布偶秀》(Muppets Show)中的那个舒适的包厢座位,在那里,两位打着领结、穿着西装的老人可以舒适且顺应宿命地评论、批评和感叹一切。

宿命论是对未来恐惧的一种心理防御

美国心理学家马丁·塞利格曼（Martin Seligman）为宿命论找到了一个新术语——"习得性无助"。在 1965 年到 1969 年期间，塞利格曼对 150 只接受电击的狗进行了实验。这些狗中的大部分在多次尝试逃跑却失败后就不再努力。在这些动物中，有 2/3 的狗展现出了"习得性无助"的反应。这个术语描述了狗的行为状况：它们靠在钢筋栏杆上，动也不动地放弃了任何逃跑的努力，即使在被电击时仍有逃跑的机会。它们失去了解决问题的希望，向命运和痛苦低头。这就是宿命论的含义，即完全顺从"命运"或"宿命"——动物们表现出了抑郁性昏睡，这是无望和绝望的后果。

在塞利格曼的实验中，还有 1/3 的狗继续试图逃跑以避免被电击。这里可以推测存在一种先天的韧性，一种心理上的坚韧。这种坚韧使这 1/3 的狗能够坚持更长的时间，更长时间地抵抗命运和痛苦，并寻求解决办法。而那些"无助的狗"虽然在身体上有能力逃跑，却并不这样做，那么问题必然是心理上的。塞利格曼对此作出了这样的总结。

介于这两种行为之间的反应形式还没有被观察到，这并不令人惊讶，因为我们不能既反抗又放弃。我们要么战斗，要么早已放弃并（在内心）屈服。两者之间没有任何中间道路。

"全有或全无"是人类的基本心理倾向。因此，我比以往任何时候都更相信，简单地将人类比作塞利格曼实验中的狗是不恰当的，因为我们是有意识的人类。如果一个人知道他现在不继续为自己而战，他将在困顿里度过15年，那么他就可以超越自我（也就是心理学上的"成长"），发展出意想不到的力量——尤其是涉及他自己孩子的安全和他最重要的基本信念时。

我们目前正在经历的是，不仅个人，甚至整个群体——就像古代的斯巴达人或雅典人一样——都可以超越自我，发展出超人般的力量。因为人类是一种具有充分自我意识的生物——他们知道自己行为的后果，有自我反思的能力，有时间概念和时间感，甚至有虚构的共情能力，正如我们在第6章中所看到的。

作为研究的一部分，这位美国心理学家用电击给各种狗带来了巨大的痛苦，以研究厌恶性刺激对心理和行为的影响。但是有必要通过这么不人道的实验来证明一个古老的观点吗？即当我们在多次尝试后没有找到出路时，我们大多数人都会放弃寻找出路。如果我们对这种习得的无助感逆来顺受并选择宿命论，那么最后的能量火花就会逃离我们。抑郁和自暴自弃是其后果。因为如果没有解决方案作为前提，我们就无法健康地生活。

我想引入"知情的无助感"这个概念，用来描述在充分了解问题所在以及解决办法是什么的情况下，依然无助的情况，即尽管我们实际上有能力改变令人不满意的现状，但我们却无动于衷。我们是否能在实际行动中有所改变并不重要，重要的是我们是否相信我们什么都做不了。就对心理和抑郁症的影响而言，这两种情况的结果大同小异。

目前，我们可以看到，曾经看似有用和明智的警告反转了，朝着完全悲观的方向发展，逃向宿命论。"在社会分析和当代诊断学中，一种升级的世界末日说占据了上风，这种说辞无论如何再也不能被解释为对即将到来的灾难的有用指示，而只能被看作对积极群体的残酷打击。"来自德国图宾根的传播学家伯恩哈德·伯克森（Bernhard Pörksen）探讨了我们这个时代是如何描述未来的。他的答案是：暗淡的、决定论的、反乌托邦的。我们的思维被原始的恐惧和对厄运的恐惧所支配。旧的和新的厄运预言家的信息在无穷无尽的变奏中只有一种声音："一切都完了，朋友们！"你们完全有理由感到绝望！

小冰期与大热浪有什么关系？

不，我们不应该对灭亡有任何的兴趣。许多事情仍然可以改变，可以朝着更好的方向发展。当然，这种充满讥讽的、对世界没落的兴趣和愤世嫉俗的言辞也是一种防御机制，可以减少因为悄然的没落带来的苦楚。在我的系统家庭治疗中，人们总是说："对……的恐惧意味着对……的渴望！"因此，对灭亡的恐惧实际上意味着对解决方案的渴望、对积极行动的渴望和对反抗所谓不可避免的事物的渴望。这是对成为一个英雄的渴望，对行动的渴望，对不再袖手旁观的渴望。

但是，即使我们逐年抓紧努力使世界减碳，实现《巴黎协定》（The Paris Agreement）的目标，我们仍将面临巨大的挑战。世界早已变暖，在德国巴伐利亚州，气温与工业化前相比已经升温了约

1.5℃。如果到2050年再增加2℃，巴伐利亚州的气温将比工业化前高出3.5~4℃。

历史曾有过类似的突然发生的气候变化挑战，被称为"小冰期"。在16世纪至17世纪，欧洲的气候也发生了巨大的变化，甚至更加突兀。历史学家菲利普·布洛姆（Philipp Blom）在他的书《世界天翻地覆》（*Die Welt aus den Angeln*）中对其进行了令人印象深刻的描述，作物歉收和饥荒就是气候变化导致的结果。他阐述了我们——像我们的祖先一样——将不得不学会与不可避免的动荡共处，并明智地适应它们，而不是拒绝接受它们，直到它们降临到我们身上。布洛姆还看到我们的世界错乱的一面。在这两个时代，人们吃惊地发现有大量类似的（末日）恐惧、阴谋论、世界末日威胁和神话，以及倾向于沉浸在甜蜜的忧郁和宿命论的自我放弃中。在末日幻想和宿命论方面，我们的时代也是"非常巴洛克的"，只是我们的时代更加信息化。

但对小冰期的历史分析也起到了作用：它给我们带来了希望，让我们看到我们的祖先在大约4℃的波动中仍然幸存下来的事实——历史学家已经无法精确确定小冰期的确切寒冷程度。而我喜欢用一个充满希望的想法来结束关于"对未来的焦虑"这一章节。

总结

作为研究习得性无助现象的一部分，塞利格曼对狗使用电击，造成了相当大的痛苦，以证明在多次失败的尝试之后，大多数人都会放弃寻找出路的努力。当我们对这种习得性无助感逆来顺受，并沉浸于宿命论时，最后一点能量也会消失。抑郁和自暴自弃随之而来。

我提到的"知情的无助感"是指在充分认识到问题及其解决办法的情况下仍然习得的无助感。而"被误导的无助感"则缺乏这种意识。因此，我们应该采取行动而不是陷入沮丧。面对气候变化，我们不应该像小冰期时那样只是寻找所谓的罪魁祸首，企图以此为我们的不作为辩护。

为什么"知情的无助感"会让我们越来越焦虑？

因为知识也赋予了我们解决问题的义务。随着对糟糕现状和致命危险的认识不断加深，我们也越来越感到无助——如果我们不采取行动，这种感觉将变得越来越压抑。神经质的自暴自弃就是这种无助感的后果。然而，我们又不愿意正视这一点，这就是为什么我们（无意识地）试图通过所谓的绝望状态和无出路的局面来合理化我们的放弃行为。当所有事情似乎都无法挽回时，人们更容易选择放弃。可怜的狗狗们，几个世纪以来一直背负着这么多责任。

我们能做什么？

少一些讨论和哀叹，多一些行动。即使只是杯水车薪，也是水；

再小的努力，也是努力。总有一滴水是灭火喷头喷出的第一滴水。必须有人率先行动，或尝试新的努力，去主动解决问题。只有这样，我们才能够启动所有那些巨大的适应过程来适应变化。直至今日，我们作为人类已经成功地做到了这一点，并且生存了下来。这给了我们希望。这同样也无条件地适用于数字时代的人。因此，我们应该更加勇敢、更加积极地行动，而不是——在我们已经了解情况的前提下——只在绝望中一味地抱怨我们所谓的无能为力。

18 算法焦虑

＃机器和算法可以代替我们做决策吗？

人工智能由算法组成，这些算法通过数据进行训练，从中学习，即所谓的"机器学习"。人工神经网络需要良好的内容输入来学习，就像人类的神经系统一样。训练这些系统的数据决定了机器人最终知道什么，能做什么。

机器需要大量的数据，以便最终学会在数据的洪流中识别出模式。仅仅是区分一只猫和一只狗就需要整个学年的学习材料。相比之下，我们的孩子仅在小学的一个年度里发展和学到的东西就接近于一个奇迹了。每年都有许多人工智能项目未能达到其学习目标，被甩在后面，不得不重复学习，还有一些初创公司也因此破产。很多的时候，糟糕的训练数据是问题所在。不接近现实的数据极大地阻碍了机器学习，导致高昂的代价和歧视性的解析。当使用人工生成和对公众开放的数据作为训练数据时，扭曲事实的风险特别高，因为这些数据往往是不够接近现实的。

如果训练是用互联网上可自由获取的免费数据进行的，那么这些训练数据也额外代表了大众平均值——从数十亿用户的主观意见和陈述中计算出来的平均值。因此，数据代表了所处时代的平均偏见。

扭曲的训练条件和有偏见的应用程序

举个例子，如果你只使用互联网上的免费人像照片来开发无人机相机的软件——因为它们都是可以在社交媒体上大量找到的普通照片，这意味着这些照片通常是在头部高度拍摄的（无人机很少采取这种视角），而且它们几乎总是将目标对象放在中心位置（无人机相机拍摄的是不断变化移动的图像，没有设定什么东西主要在中心位置）。

一个自我学习的算法从这些特征中就可能得出不正确的结论。在这个例子中，算法可以学习到重要的物体总是在图像的中心——这是一个错误的结论。因此，不符合实际情况的数据集合的危险主要在于它们可以扭曲整个算法并导致其失去使用的价值。

如果这些数据最后还是被使用了——而且不幸的是，这种情况经常发生——后果可能是可怕的。这与人的大脑类似：如果在某个时候发现基本假设和信息是错误的，那么基于这些假设的推断或整个世界观也是错误的。

免费可使用的数据内带的偏见也可以看作社会的平均偏见。例如，如果我们将电视节目中的所有对话作为训练数据，那么通过这些数据训练出来的人工智能就会像几十年来情景喜剧的编剧一样，具有厌恶女性的倾向。很遗憾,长期以来女性编剧在好莱坞并不多见,就像在德国的电影制作中心巴贝尔斯堡的情况一样,因此,人们几乎可以将这些作品视为男性平均偏见的代表。考虑到20世纪50年代和60年代的对话内容,训练数据中的偏见也包括大男子主义观念,如关于"家庭主妇"等主题。这些偏见同样会被人工智能所学习和表现出来,就像最近电视节目中的对话内容一样被吸收了。

如果一个人工智能算法,例如用于在线求职预筛选的应用程序,是利用过时的原始数据进行训练的,那么如果算法在第一轮筛选中将某些由过时的偏见定义的特定人群淘汰出局,我们也就不必对出现这样的结果感到惊讶。

美国数学家和金融业批评家凯西·奥尼尔(Cathy O'Neil)在她的书中提供了许多相关例子,描述了现代社会中许多小的不公正所带来的破坏性后果。凯西·奥尼尔创造了"数学杀伤性武器"一词,意为"大规模杀伤性武器"的数学对应词。她将这个术语与现代工作生活中普遍存在的许多小的不公正联系起来。

随着算法在工作流程中的日益普及,工作程序的自动化程度越来越高。然而,这种自动化往往会给员工带来心理及生理上的负担和压力。他们需要不断地被算法监控并评估工作表现。在极端情况下,这种工作环境就像是第14章中广为人知的斯金纳箱,即使是鸽子最终也会变得抓狂。

算法没有策略,没有道德

我们的数据被挖掘出来,这是通过缓存数据、行动记录、账号活动和消费者行为获取的。令人意外的是,这种数据收集方式甚至是合法的,因为在某个时候,我们可能在并没有真正阅读知情同意条款的情况下,直接点击了"同意"。或者,即使我们费心去阅读了,最终我们也不得不接受一切,因为我们觉得自己需要像其他人一样拥有一个社交媒体账号。

从这些海量数据中,自我学习的算法可以识别出人类永远无法发现的模式。美国统计学家纳特·西尔弗(Nate Silver)曾研究了 18 000 名美国职业棒球大联盟的球员。他成功预测了球员的(潜在)棒球实力和后来的实际成功,准确率非常高,以至于顶级棒球俱乐部开始借助西尔弗的算法作出招聘决策。预测性分析无论是在亚马逊还是奈飞等公司中都被广泛应用。这些公司都对"预测性分析"深感兴趣,想知道什么会引起我们的兴趣,以及明天我们会对什么感兴趣。从健康预测到购买意向预测,再到爱情预测和寿命预测,一切预测正在变得可能,并已经部分实现。

不幸或幸运的是——取决于你的观点——犯罪甚至也可以被预测。至少,有一款所谓的"预犯罪"软件声称可以做到这一点。在《1984》中,乔治·奥威尔(George Orwell)谈到了"思想犯罪"——类似于"预犯罪",指的是潜在的犯罪想法,即在行动之前就能被识别出来的不道德思想。这可以说是一种预防性的警务工作。当然,你永远无法确定需要阻止的犯罪行为是否会真正发生,你也永远无法确定算法在预测犯罪概率方面的准确性。

在美国的一些城市，已经开始使用相应的软件来追踪所谓的"未来的罪犯"。对"预测性分析"的使用标志着歧视 4.0 的开始，它不仅仅基于肤色等明显特征。算法已经可以——而且未来将更多地——实现个性化歧视，检测出个人固有的弱点，并利用这些弱点来打压这些人。

今天，一个年轻的篮球运动员，如果因为算法而没有与球队签约，也不会得到关于这个决定的清楚解释。几乎没有人能够给出解释。在最糟糕和最常见的情况下，被拒绝的球员甚至无法获知是一个应用程序的算法给他投了否决票。他当然更无法知晓是因为哪个公式得出了哪个结果以及为什么。也许只是因为他住在了一个贫穷混乱的街区。如果是这种情况，那么这将是高度诽谤性的。只有当源代码被披露后，人们才能了解到，他的家庭住址的街区是否被纳入算法的考虑中。

"但究竟为什么呢？"即使是程序员也很难解释清楚这个简单的问题。在 19 世纪末，科学家亚历山大·冯·洪堡（Alexander von Humboldt）被认为是最后一个能够全面掌握"世界知识"，即他那个时代百科全书式知识的人。今天，我们生活在一个似乎连程序员本人都无法完整描述自己编写的算法可能带来的后果的时代。

寻找埃尔多拉多 [①]

我们已经看到，数字经济的循环需要大量的数据，而搜集到的

[①] 埃尔多拉多（ElDorado），在历史上被用来描述一个虚构的或神话中的地区，据说那里有大量的黄金和财宝。在欧洲扩张和在新大陆寻找财富的时期，埃尔多拉多是许多探险家和征服者的目的地。

数据集合越具有说服力，预测就越准确。预测的准确性越高，数据集合就越受欢迎，用它们就可以赚更多的钱。不管它们是被精心编制的还是被毫不费力地盗取来的。

因此，每年都有更多的数据海盗在数据海洋上游荡，他们不再劫掠船只，而是攻击服务器。他们在系统中找到微小的漏洞，通过这些漏洞用他们的数字木马进行渗透，然后抢劫、勒索和掠夺。服务器群现在像需要高级安保的堡垒一样被保护起来。我们的数据是新的黄金。在150年前的淘金热中，也有许多黑帮分子不想在寒冷的阿拉斯加淘金，而是不由分说地抢劫那些口袋里装着最大块金子的淘金者。在21世纪的"数字淘金热"中，这些黑帮分子被称为"黑客"，而他们的非法商业模式被称为"黑客攻击"或"数据盗窃"。

约翰内斯（作者本人）的4.0经验

当然，很少有东西能像我们的健康数据，尤其是我们的心理健康数据一样被黑客如此青睐。当我在2020年9月翻阅我的信件时，两个非常矛盾的信息同时到达我的手中。首先，我打开了一封来自巴伐利亚州医生协会（KVB）的信。信中告诉我，今后我的酬金将减少2.5%，理由是我没有参与"被保险人基本信息管理"。然而，这并不是我的疏忽，而是一个经过深思熟虑的决定。参与意味着我的病人的机密数据将被在线收集，目的是在不久的将来把所有医疗专家的数据合并到一个电子医疗记录系统中。这将意味着放射科医生在为我的病人的胫骨拍摄X光之前，就能看到他们的心理健康诊断。

与此同时，在我的信件堆里，我还看到了最新一期的医学杂志，其中一篇文章的主题是"芬兰机密的心理治疗数据遭到黑客攻击"。该文章称，黑客成功窃取了数以万计的病人的心理治疗机密记录。

在我看来，将健康数据合并到电子医疗记录系统中的好处是否足以抵消数据可能被滥用的风险，这对于所有医生来说都是一个需要商榷的问题。就心理治疗领域而言，我坚决否认这一点（也就是说，风险大于好处）。

我也期望生活在一个不再对精神病患者进行污名化的世界中。在过去的数十年里，我们已经看到了显著的改善，但我们离克服所有的偏见和恐惧还很远。因此，相较于身体健康数据，心理和精神健康数据应受到更严格的数据保护标准约束。对于任何健康数据，数据保护标准都应该高于其他所有类型的数据。

作为道德 4.0 的外包良知

如果有一天心理治疗的信息非法泄露到互联网上，谁来保护我的隐私？谁有能力将这些信息清除？所谓的"清洁工"似乎应该承担这些责任。《网络审查员》（*The Cleaners*）是一部关于菲律宾内容管理员（准确说是网络审核人员）的纪录片，记录了他们在轮班中如何审查并删除社交媒体上的内容。他们为许多外包商工作，负责决定哪些内容可以在全球互联网上展示。

这些数字污垢的清洁工的工作方式类似于"美丽新世界"中的

职业：他们在几秒钟内审查文本、视频、图片等媒体内容，如果必要，就会将其删除或屏蔽。这些内容通常涉及违法、残忍、夸张、色情或暴力等不良内容。这个工作过程中，工作人员常常经受着许多创伤性的体验。

调查记者和电影制片人发现，大部分从事该工作的人（估计约15万人）位于菲律宾马尼拉，他们每天要审核大约2.5万条内容。这些年轻的菲律宾人在拥挤的大城市中为金钱的烦恼而挣扎，这就是他们从事这些工作的原因。

这部纪录片展示了互联网的黑暗面，如犯罪、酷刑、恐怖主义和儿童虐待。人们很快就会明白，控制互联网上的内容是多么困难，"清洁工"的工作是多么不人道和病态，甚至会导致人生病。一位内容管理员在纪录片中说："我母亲总是说，如果我不努力学习，最后会在马尼拉捡垃圾。现在，我在马尼拉收集数字垃圾。"

数字化的新权力

哈佛大学教授肖沙娜·朱伯夫（Shoshana Zuboff）指出，如今我们并非受到乔治·奥威尔小说《1984》中所描述的"老大哥"（Big Brother）的控制，而是被"大他者"（Big Other）所控制。这个术语由法国精神分析学家拉康（Jacques Lacan）提出，用于描述塑造我们人类的一切事物的力量，比如语言、某些规范、看不见的规则和禁令。这个"大他者"始终不可撼动、无形存在于我们的头脑中——西格蒙德·弗洛伊德称之为"超我"——并且仍然决定着我们的愿望和行为。

肖沙娜·朱伯夫采用"大他者"的概念,旨在阐明我们正在面对来自数据经济的新权力:"由于这种新权力没有通过暴力和恐惧来索取我们的身体,我们低估了它的影响,放松了防范。"朱伯夫表示:"工具性权力并非想要击碎我们,而是让我们自动化。"这种自动化的工具性权力的新形式就像一种二进制数字,其本质也是一种0和1的统治。

总结

事实上,算法已经开始左右我们的感知、记忆和情感,甚至在越来越多的情况下决定了我们的道德判断。一旦考虑到经济利益,道德决策几乎变得不可能。我们长时间盯着显示屏,逐渐受制于引导我们注意力的马赛克图案,我们的决策过程也逐渐受到影响。

为什么自动化的价值判断会让我们越来越焦虑?

算法越来越多地影响着我们的世界,但事实上,只有很少的人真正理解这个世界上最重要的语言。这是前所未有的。

这些程序化的道德决策模式无法公正地考虑到个案和人类行为的复杂性。一个越来越不公正的世界正是这些因素的后果:粗糙和不透明的模式识别、糟糕的训练数据,以及不透明的利益。

我们变得越来越焦虑和困惑，不知道是逃避、愤世嫉俗还是循规蹈矩，因为我们不能理解什么是正义、什么是不正义以及定义正义的语言。我们变得更加偏执和焦虑，因为有一种无形的力量在引导着我们的命运，而我们又不了解其工作原理。我们感到任人摆布，迷失了方向——而事实的确如此。

我们能做什么？

避免任何无视基本原则的行为。这个基本原则就是：重要的决定必须由我们人类来做。如果情况不是如此，我们则应该要求由人类而不是机器和算法为我们作出重要决策。我们应该删除某些应用程序，远离那些不遵循这一原则的超级数据公司。我们应该为自己的行为制定出道德准则，然后学会坚守、专注、不被影响地生活。

19　新技术焦虑

＃我们的工作会被人工智能取代吗？

社会学家哈拉尔德·韦尔策（Harald Welzer）著作的中心主题是对轻率的自我削弱和自我放弃的思考。现在，我们所面对的不再是马克斯·韦伯（Max Weber）所说的资本主义创造的"钢铁般的束缚壳"，而是一个"智能束缚壳"，它决定了我们在新千年的日常生活中所处的境况。

这种智能束缚的核心在于，用户甚至没有意识到他们已经自愿地将自己的自由交给了一个能够为他们思考、感觉、规划和作出决策的设备。韦尔策引用了金特·安德斯（Günther Anders）的话，他在半个世纪前就谈到了现代人在面对他们用新技术创造的东西时所感受到的"普罗米修斯式的羞愧"。然而，如今这种普罗米修斯式的自卑感和羞耻感加剧了，因为"我的手机比我更厉害"，韦尔策写道。

普罗米修斯和埃庇米修斯的羞愧

在希腊语中,"普罗米修斯"的原意是"事先思考者""先觉者"或"事前审慎思考者",他是希腊神话中的一个重要人物。作为火种的带来者和人类的导师,普罗米修斯被视为人类文明的始祖。然而,根据传说,他后来犯了相当严重的错误,导致的不良后果至今仍然影响着人类。在神话故事中,普罗米修斯的兄弟之一,不明智的"后觉者"埃庇米修斯,也被认为对这些苦难负有责任。埃庇米修斯不顾他有远见的哥哥的提醒,与宙斯派来的诱惑者潘多拉交往,最终导致了巨大的不幸。埃庇米修斯不听警告,只听信他心仪的潘多拉。希腊诗人赫西俄德将潘多拉描述为一个"美丽的恶魔",她最终打开了盒子,将这个世界上所有的瘟疫、痛苦和不幸释放给了人类。幸运的是,潘多拉至少还为我们保留了希望,及时关闭了盒子。自那时起,人们常说"最后消亡的是希望",意思是希望总是存在的。

对于进步的乐观主义者来说,普罗米修斯象征着人类解放自己的力量;而反思文明的理论家则对人类追求几乎无限、类似神一样的权力表达担忧。也就是说,我们依靠对进步的天真笃信,以及对新技术自我调节能力毫无顾忌的信任来防御这种担忧。这些防御机制体现在人们常常后知后觉,以及倾向于轻视当前的危险。

潘多拉的盒子不可能被永久关闭,但负面的后果却是可以限制的,也必须被限制。普罗米修斯派和埃庇米修斯派的神经症患者不愿意承认这一点,原因则是相反的。两者都没有看到适当立法的紧迫性：一个是因为傲慢和对风险的误判，另一个是因为轻率的自我削弱和思想的懒惰。

机器的胜利和人类的愚蠢化

我们现在还没有到达所谓的"奇点"，即机器最终比我们更聪明并在所有方面超越我们。对于奇点何时到来，众说纷纭。一些科学家认为它将在几十年后到来，另一些则认为它将在几个世纪后到来。但他们中的大多数人都同意，奇点终将会到来。

正如我们所见，人工智能仍在由机器人领域的专家进行训练。然而，一旦发展到一定阶段，机器通过对反馈回路的不断评估，可以改进它们的算法，并学会通过互联网相互分享它们的学习成果，那么我们将会看到这些发展过程以指数级加速。当我们入睡时，智能家居设备将继续昼夜不停地学习，并且越来越快地超越我们。

我们不应该过早地投降，甚至自愿屈服。也许，我们应该少寻求可量化的精确性，更相信自己的能力，先思考，凭直觉找到答案或解决方案，而不是立即依赖手机。否则，我们的能力和思维将继续退化，就像长时间不用的肌肉一样。谁还能保持自主性，谁还能找到方向？在人工智能的学习能力不断增强的同时，另一个过程可能会加速：我们人类能力的退化——由于我们在各个领域的实践减少，以及对算法解决方案使用的稳步增多。

约翰内斯（作者本人）的 4.0 经验

哈拉尔德·韦尔策曾经分享了他的一次经历：亚马逊的算法不断向他推荐他自己的书。哈拉尔德·韦尔策的心理图谱可能与他的书的典型读者的心理图谱相吻合，这并不让人感到奇怪。他说，这很烦人，但他还没有笨到真的购买自己的书。

并不是说类似的事情曾经在我身上发生过，但在我接下来要说的例子中，我已经感到自己变得相当愚蠢了。

当时已经快到中午，我放下手头的工作，骑车去一个露天网球场，但那里的夏季训练季已经结束，所以关门了。回到家后，我拿起我的智能手机，想找一个室内网球场，但手机已经没电了。难道我已经退化到没有导航就不相信自己能找到路的地步了吗？当然不是！于是我出发了。之前，我的网球搭档总是让我搭便车，但这次他已经在路上，可能早就到了。有一次我确实是自己开车去的，依赖导航一路领着我，而我只是坐在驾驶座上，注意力显然没有集中在记忆行车路线上。12点40分，我放弃了。我站在一个荒凉的高层住宅区的拐角处，盯着水泥墙，感到迷失了方向——迷失在了熟悉的城市里。

人们可能会说，这只是一个认知注意力的问题。但是我把我的注意力给了谁或给了什么呢？是的，我们谈论"给予（赠送）注意力"，因为它是我们最珍贵的礼物，仅次于爱。这是一个你每天都必须作出的选择：注意力分配问题，优先注意什么的问题。我是把它给我的爱人还是给网上的熟人？给我的母亲还是给电子游戏？分配给眼前的道路还是在开着免提的电话？只有我可以决定，只有我可以把注意力分给别人。否则，我们的注意力就会被那些希望我们失去方向或意见的算法，或者希望我们两者都失去的算法所控制。在空间和时间上的定位能力和方向感，我们越是把它们外包出去，我们就失去得越多。而"外包"在这里简单地意味着不断地掏出手机。

在朋友间的聚会餐桌上也是如此，当某个朋友不能足够确切地回答另一个朋友提出的某个讨厌的关于某个事实的问题时。在你还没有完全理解是什么问题的时候，维基百科或谷歌地图里的答案已经被谁嚷了出来。或者每个人都打断他们的个人谈话，只是为了从他们的手机中找出网球场到底应该在哪里，以及约翰内斯在他的4.0 经历中可能盯着哪座高楼的墙。大家都笑了，完全失去了头绪。

一方面，如果我们不停地打开手机，越来越频繁地低头，不看我们周围的世界，我们最终可能会变得对虚拟世界更加熟悉，却似乎对现实世界越来越疏远和陌生。在某些时候，我们觉得自己也变得很陌生。另一方面，算法越来越了解我们，可以越来越精确地预测我们的行为，越来越准确地掌控着我们的生活方向。

但是往哪个方向？这是一个很好的问题，不过你恐怕得问你的应用程序。

然后，我们的生命就大概接近终点了，但机器如果保养得好会永远活着。我们也应该每隔一段时间就对我们的注意力进行维护，并更有选择性地将其赋予值得的人或事。

你在享受生活,还是依然在谷歌?[①]

正如我们已经看到的,这些过程的速度取决于我们在显示器前停留时间的增长速度。关于媒体使用情况,人们可以在市场调研公司 eMarketer 的网站上进行国家间的比较:它指出,2020 年美国成年人的平均媒体消费时间是每天 13.5 小时。这几乎比 2019 年的预测多了 1 小时。

如果你假设一天内有 8 小时的睡眠时间,那就有 16 小时的清醒时间。如果一个人符合美国人的平均水平,那就只剩下 2.5 小时没有使用任何电子媒体。然而,在这段时间里,你还得吃饭、穿衣服、骑车、刷牙或上厕所。相当多的人甚至试图用手中的智能手机完成这一切,不断盯着显示屏,用另一只手做其他事情,甚至在骑车时也继续在手机上聊天。然而,不得不补充说,事实上人们可以自由支配的时间可能会更长一点,因为多任务处理(一心几用)并没有被考虑到——即平行的媒体消费,如同时看视频和发信息——它们在调查中被简单地累加计入时间量统计了。

根据 eMarketer 的数据,德国人在 2020 年每天花费了惊人的 10 小时 14 分钟在电子媒体上。在欧盟国家中,只有法国人超过了这一数值:每天 10 小时 35 分钟。无论如何,人们花费了太多的时间——无论是在美国、德国还是法国——以至于找不到足够的时间和心情来充分培养和训练自己的能力。如果我们的大部分清醒时间都被媒体"牵着走",那么我们很快就不能再自己主导生活了。

[①] 这是对宜家在德国的广告的模仿。

虽然大脑不是肌肉，但为了避免萎缩，大脑和肌肉都需要保持活跃。否则，人就会变得肥胖、思维迟钝，总是在等待外部信息和指令——甚至是价值评判。

哲学家理查德·戴维·普雷希特像尤瓦尔·诺亚·赫拉利一样，谈到了"机器的独裁"，同时也谈到了人类经验的贬值。赫拉利预测，一旦我们为越来越多的生活领域开发出能够更好地满足相同功能的算法，人类经验将越来越失去价值。这是我们在第 5 章已经提到过的一个发展，以哈莫尼的类人经验为例进行了深入讨论。

因此，如果我们不仅可以用优秀的计算机程序取代出租车司机和医生，还可以取代律师、诗人和音乐家，那么我们为什么要关心这些程序是否有意识和主观经验呢？而机器为什么要关心我们人类是否有意识呢？

谁仍然是人，谁已经超出了人类的范畴？

那么，面对 21 世纪机器的迅猛发展，我们人类应该采取怎样的态度呢？难道我们应该袖手旁观，眼睁睁地看着机器超越我们吗？超人类主义者会回答："不，我们必须武装自己！"他们声称已经结合了人类的最强大之处和最新技术的最大优点。可以说，一切都在皮肤之下：电线和神经，计算机芯片和大脑皮层，发射器和耳朵、激光眼、多功能眼镜和义肢。机械与肌肉、芯片与神经、软件与人才将相辅相成，从而能够永远赢得与纯粹机器的竞赛。

超人类主义运动已经不再满足于提高物质性能（增强剂）了，他们希望与机器融为一体，这便是"赛博格"（Cyborg）。他们不仅仅使用药物、化学品等化学物质，还将身体与计算机连接，并植入接口或发射器。这种整合不仅仅意味着肉体和技术之间的关联，更意味着人类与智能技术之间的紧密互动和协作。

一位英国教授自称是所有赛博格和超人类主义者的鼻祖。1998年，凯文·沃维克（Kevin Warwick）成为第一个体内植入硅芯片的人，这使他能够通过芯片控制公寓内的灯光和门锁。虽然这还不是真正的超人类，但自1998年8月24日以来，沃维克已经成为一种新型存在：绝大部分是人类，但也有着一定的机器成分。

因此，在回答"如果未来某些人只需要较少的睡眠时间，能更专注于工作，摆脱了大多数疾病的困扰，这会带来什么样的后果？那些无法实现这一点的人会怎么看待这种发展？"这些问题时，赛博格沃维克给出了简洁的回答："这确实涉及伦理层面的争议。但我认为最终大多数人会接受，因为他们会从中受益。"然而，他也承认，这可能会导致社会分化，因为智力水平可能会出现巨大差异。"这可能会带来严峻的问题。但只有当我属于那些不愿意迎接这一变革的人时，我才会对这个问题感到担忧。"

我还没能在沃维克先生身上发现任何明显的智力差异。不过，有一点已经很清楚了：超人类主义教授的功利主义伦理学观点是"真善美是对我有用的东西"。这场生存之战将不再由人类的强者取胜，而是由技术上调整最充分的智人兼机器人赢得。

次优者的挫败感

然而，安德烈亚斯·莱克维茨对这种超人类努力的局限性和未来的挫折作出了深刻的观察。他首先指出，即使现代社会对健康的追求如此热烈，但死亡和疾病这两个问题仍然无法被彻底克服。不幸和灾难，例如地震或火山爆发，始终无法被完全掌控，这将限制人类对控制力的长期努力，也会导致更多的挫折感。我们越是追求这种幻想，就越是遭遇这些困难。

因此，总会存在一些"不可得性"。基本的心理特征可能是不可改变的，比如个人的某些性格特点，尽管心理学上有各种重塑的尝试，但并非所有都能随心所欲。莱克维茨认为，家庭结构、个人成长背景以及个体的发展方式也属于这种"无法改变的现实"。

莱克维茨进一步指出，一些文化特质，如沉着或谦逊，在现代社会似乎已经过时；相反，时代精神更倾向于将个人生活中的失败视为个体责任。心理学往往只提供加强自我改造的建议，如更多的真实性、共鸣或从失败中学习。

因此，根据安德烈亚斯·莱克维茨的分析，在超人类主义运动中，人们试图克服最终的"存在的不可得性"，以避免任何失望的经历。当然，这是人类的一个古老的梦想，从其绝对性来看肯定仍然是一个梦想。然而，近几十年来，技术和数字创新带来的可得性往往又伴随着新的（而且往往是不可预见的）不可得性和负担。

例如，有些人可能会随时随地不断地通过聊天软件发送越来越多的消息，但同时也可能会越来越没有真正想对别人说的话。当我什么都能说、随时都能说的时候，我还有什么需要说的呢？

在过去，比如在国外留学期间，你大概每周只会收到一封来自你女朋友的信（如果你很幸运的话），而这些信中表达的情感往往比如今年轻人通过不断发消息表达的情感更加深刻。比如，现在的年轻人会抱怨说，他们的伴侣在下午6时35分已经看到了他们发的消息，而直到第二天早上10时16分还没有回复。他们经常问我这是否可疑到了令人担忧的地步。然后我通常会回答——效果并不太好——类似于："即使在意大利，人也需要睡觉。"

有时候，通过文字聊天进行交流的程度已经达到了一种极端，以至于国外的伴侣——为了不影响彼此关系——几乎没有机会体验任何新鲜事物，因为他们必须即时记录一切，并将信息发送回家乡。这种神经质的啰唆与那种深思熟虑、简洁而真诚的面对面交流方式形成鲜明对比，后者更加坚实而充满深情。

你往何处去？我们又将走向何方？

更重要的是，这已经成为一个关乎人类未来存在的根本问题，尤其是在一个日益技术化的世界中。因为人工智能虽然与智能有一定关系，但正如哲学家理查德·戴维·普雷希特所写的："它与理解力几乎没有关系，与理性更是远远不可及！"

事实上，我们面临着一个选择：要么将自己视为拥有理性、独特个性、不可替代的个体，要么越来越多地将自己视为与人工智能甚至未来"奇点"相比较的次优存在。对于后者而言，即使植入皮下芯片或大脑接口也无济于事。人工智能对此不屑一顾，而"奇点"

也只会对我们嗤之以鼻。

假设哈莫尼——如果被适当配置——能够向渴望成为赛博格的人类主人说:"你为何这样做?我之所以爱你,正是因为你是人类。你难道想让我成为一个爱情机器人吗?如果你需要人类女友,地球上有着29.672299亿成熟的女性供你选择。那么,你植入这些东西和芯片的目的是什么?"哦,我在说些什么呢,哈莫尼的回答肯定会更加幽默。像我们这样的次优存在最好不要试图替高端机器人发表言论,或许沃维克教授会这么说。

总结

人类对进步的天真信仰,以及对新技术自我管理能力的毫无顾虑,与思想的懒惰相辅相成。所以我们必须让大脑和肌肉保持忙碌,否则我们很快就只能在外包大脑的显示屏上等待行动指令了。

未来应该是属于生物黑客和赛博格的。他们不再只是使用化学增强剂的人,而是将身体与计算机系统联网的人。凯文·沃维克描绘了一个4.0的未来:一个超人类主义的世界,在这个世界里,未经加工调整的普通人将被视为次优者,应该被克服。我认为这是一个"新技术焦虑"的先兆,在未来的几年和几十年里,这种焦虑可能会更广泛地挑战我们。

为什么机器人和人类之间的竞争会让我们越来越焦虑？

因为在我们不知道竞争者正在使用哪些（神经）增强剂和辅助工具的情况下，我们对自己的能力感到满意并平静地接受自己的局限性将变得越来越困难。即使在今天，我们也不再总是能够知道我们是否正在被拍摄，或者我们说的话是否正在被记录。

届时，谁能承担得起不使用（神经）增强剂和植入式计算机芯片的代价呢？谁还能找到工作？哪个学生还能通过考试？或者最终还有没有人，即使有能力，也会不断追逐每一种新的技术或生化创新，变得越来越焦虑？谁还会满足于此，而不去努力克服自己与生俱来的局限性？即使只是为了能够与那些被加工调整了的机器人对手竞争。

我们能做什么？

在择业时，选择仍然需要人类原始素质的培训和职业。这使我们更加独立，在这些职业领域，仍然会有我们能做的工作。我们可以选择那些仍然需要保持相互接触和交谈，仍然需要激情的活动，在这些活动中仍然必须（并且允许）作出价值判断或本质决定。

在汽车刚被发明的初期，还没有任何交通规则。人们在行人和马之间周旋——没有罚单、标志或交通灯。20世纪20年代，越来越多的行人被车辆撞倒，越来越多的复杂的交通规则被世界各地采纳，否则，世界人口可能减少一半。同样地，在21世纪20年代，执行有效的、具有全球约束力的规则，将变得同样重要——为了所有人的利益，而不仅仅是少数经过加工调整的超人（人类+机器人）4.0的利益。

20　衰老焦虑

＃如何积极地老去？

戴维·辛克莱尔（David Sinclair）是哈佛大学医学院的遗传学教授，也是表观遗传医学的先驱者。在他的《老龄化的终结：明日的革命性医学》(*Das Ende des Alterns: Die revolutionäre Medizin von morgen*)一书中，他描述了当今在干预衰老过程方面取得的巨大成功。直到不久前，科学界对生命机体为何以及如何衰老一直不甚了解。近些年来，数十亿的资金流入老龄化研究，该领域研究取得了巨大的成功。

随着人们对表观基因组工作原理的认识不断加深，许多关于细胞和生物体在生命周期中发生变化的谜团被解开。除了 DNA，每个细胞核中还有另一个层次的信息：表观基因组。这些结构在癌症、糖尿病等疾病的发展中发挥着关键作用，老化过程也不例外。

我们的表观基因组在几十年间会受到损害。辛克莱尔发现了重新激活正确基因的方法，从而治愈和恢复机体活力。辛克莱尔将细胞老化定义为正常细胞停止分裂并释放促炎症分子的过程。除了其他 DNA 损伤，染色体末端的保护帽——端粒的缩短也是造成这种老化的原因之一。这些问题被归纳为表观遗传学的噪声。老化的细胞，仍然如同僵尸般存活着，但它们释放的促炎症物质却会损害附近的细胞。

衰老是一种可以治疗的疾病吗？

辛克莱尔的老龄化信息理论指出，衰老是由于信息的逐渐丧失——尤其是表观遗传信息的丧失——而这些信息在丧失后仍然可以恢复。总的来说，辛克莱尔的结论是，所有这些不同的技术可能性将在未来 50 年内迅速发展，帮助人类能拥有更长、更健康的寿命："通过 DNA 监测，医生很快就能在疾病变成急症之前注意到症状。我们将能够提早几年发现和治愈癌症，传染性疾病将在几分钟内得到诊断，我们的汽车座椅将能够提醒我们注意心律失常，呼吸分析将检测出免疫系统的早期疾病迹象，敲击键盘的异常动作会是帕金森病或多发性硬化症的第一个信号。"根据辛克莱尔的说法，医生将拥有关于患者的更多信息，能够在病人来到医生办公室或医院之前获取这些信息。"医疗错误和误诊将大大减少。而这些新发展中的每一项都能延长数十年健康的生命。"辛克莱尔声称，在动物研究中，活性成分已经使健康年限增加了 10%~40%。

当我读到这里时，想到了我的臆想症病人，这样的汽车或键盘对他们不会有任何帮助。因为臆想症患者已经通过夸张和惊恐的自我观察，对潜在疾病的征兆或疑似迹象产生了过度关注。诊断性警告将进一步加强与身体有关的强迫性想法，令人担心的是，臆想症患者将不再有能够安心地生活的可能（因为在这种情况下，他们总会存在一定程度的担忧）。即使没有未来医学自我监测的可能性，臆想症患者也已经倾向于通过自己的互联网信息搜索来折磨自己。根据我的经验，这样的信息搜索会导致人们对健康的担忧增加，产生巨大的压力，而这并不仅限于臆想症患者。

如果我们相信辛克莱尔教授，理论上每个人都可以通过努力成为永生不朽的超级人类。通过"停止衰老"来实现"永远年轻"，这符合老龄化研究人员的座右铭："衰老是一种疾病，而这种疾病是可以治疗的。"

健康、美丽，却已是陈年老酒

也许吧。无论如何，现在有许多老年人在社交媒体上拥有账号，加入老年模特经纪公司或70+（70岁以上）老年聊天群，他们自称为"最佳年龄者"或"银发冲浪者"。在网上，你每天都能看到70岁以上老人的新自拍：精神抖擞的老年妇女穿着内衣，打着脐环，或者满身文身，戴着棒球帽——当然是反着戴的。

因此，很快肯定会有"最佳年龄"的人在100岁时仍然骑摩托车，不断宣称这是"生命中最美好的时光"，去蹦极或做专业运动，并且看起来跟自我感觉一样年轻,甚至更年轻。这样,我们的行动仍然会很敏捷,稳定的关系将变得不那么重要,因为我们即使到了老年仍然善于交际和活动,因此我们会与许多人保持接触。

即使在网上约会的电视广告中,也有越来越多白发苍苍的老先生出现在血气方刚的模特之间。但是,还没有"最佳年龄的老太太"。在今天,固定的关系往往不再被普遍追求——至少这是一些人的说法。因为新一代的老太太和老男人仍然是如此有吸引力,似乎不难通过各种约会应用程序获得新的年轻恋爱对象,即使他们避免给出具体的年龄数字。在他们看来,这些数字只能产生误导作用。

不,"心态年轻的最佳年龄者4.0"似乎想战胜时间。仿佛我们都会随着时间变得更快一点,而不是更慢一点,而且更有能力和吸引力了——"就像好酒一样"。但是即使储存了一百多年的葡萄酒,橡木塞也常常会有问题,让酒变得艰涩和难喝。这也适用于银色冲浪者。相当多的人形成了越来越多的怪癖和顽固己见。尽管如此,常有人引用一句电影台词:"早死的人,死得更久。"谁会否认这一点呢?

从容成熟地老去还是对青春依依不舍

但我们能在这些(年老的)时间里做些什么呢——除了骑摩托车?当我思考这个问题时,我不禁想到了精神分析学家奥托·科恩伯格,我曾有幸在纽约观摩学习过这位大师的工作。他已经见识过那么多东西,却总是能用新的心态去看待一切。他的眼光是清醒的、独立的。早上6点,当我搭他的车去人格障碍研究所时,我的双眼还睡意蒙眬,而他的双眼在闪闪发光。

从那时起,科恩伯格教授对我来说就是清醒灵魂的化身——有真正的智慧,与宁静和善良的心灵相伴。他是一个有着自我生活、充满激情、深思熟虑的人生集大成者,充满生命和能量。遇到这样的一个人,对我来说很重要,我从此对自己的老年生活有了想象,即成为一个拥有从容智慧而不是面带艰辛(饱受苦难)的人。这是在生命最后阶段的巨大挑战,也是成功人生和失败人生的区别。

20世纪后半叶,伟大的社会心理学家和发展心理学家埃里克·埃里克森(Erik Erikson)和他的妻子琼·埃里克森(Joan Erikson)也有类似的表述。埃里克·埃里克森是一位德裔美国精神分析学家,也是精神分析自我心理学派的代表,他和奥托·科恩伯格一样,为躲避纳粹而逃到美国。他尤其因与妻子琼一起提出的社会心理发展阶段模型而闻名(尽管琼专业学习过心理学,但很遗憾,她至今没有被列为共同作者)。根据埃里克森夫妇的基本假设,每个心理功能在人的一生中都会经过一个特别强烈的发展阶段。在埃里克森的阶段模型中,人生的每个阶段都有对立面,每一次危机都提供了去接受、处理和解决各自生命阶段的挑战的机会。这样我们就不会对过去的生活阶段产生(未解决的)固着,也不会"卡"(停滞)在早期阶段,而是能够心无旁骛、果断地投入当前的人生挑战。

生命所有阶段的最终整合

根据埃里克森夫妇的说法,在人生的最后,我们应该把所有的东西整合起来,与我们的生命旅程和平相处,释怀过去发生的事情,而不是哀叹本该如何和可能的事情。这样我们就能最终整合之前所有阶段的生活和挑战,在老年时获得成功。

相反,一个遗憾和痛苦的晚年往往让人感到自己的整个人生完全失败了。回顾过去,生活中总是有无数条可供选择的道路,我们或许本来可以另作选择。但此时应该要做的是,回过头来从内心深处认可自己已选择的人生道路——尽管那些遇到的矛盾、失败、不公正和已经错过的机会是存在的——以在临终前与命运的打击和人生的不可预测和解。我们可以在最后一步中成为榜样并用勇气鼓舞他人,无怨无悔地结束我们的一生,而怨恨则会使人丧失勇气。总的来说,在生命的最后阶段,和解应该是最重要的。当然,首先是与所有家庭成员和解,我认为这是老年时期的核心任务和挑战。

如果无法做到这一点,我们就会感到艰辛不堪,结果就是孤独。因为这样一来,越来越多的亲戚和朋友会转身离开,他们不愿再听同样的陈词滥调。从长远来看,讽刺或痛苦的愤世嫉俗会让周围的人无法忍受。

埃里克森夫妇拓宽了精神分析的视野,精神分析逐渐开始关注晚年生活,也逐渐摆脱了对早期性发展(固着)的过度关注。我们会选择做真正成熟、善良、智慧和心胸宽阔的自己吗?还是选择压抑我们的绝望和潜意识里的艰辛不堪,只是做一个表面上活力四射、整容后面容姣好的养老金领取者,而事实上却是一个最终并没有真正获得满足和内心平静的不成熟老人？我是否会成为一个闷闷不乐、怨天尤人的老顽固？还是成为一个明智的老人，言传身教，帮助年轻人，告诉他们何以过上一种成功的生活？或者是成为一名饱经风霜的老妇人，讲述她克服艰难困苦的故事以激励后人？

  生命的第一个阶段与"基本信任"的发展有关。如果这一阶段没有获得成功发展，儿童早期的创伤就会导致"原始不信任"，可能出现"身份危机"。这些埃里克森的术语，如今已经成为我们生活语言的自然组成部分。在人生的最后阶段，理想情况下，应该培养出一种自信，以及对人际关系和世界的基本信任。生活的总结应该大体是积极正面的，没有过度的怨恨和幻灭的苦闷。

  不甘老去的神经症或有衰老焦虑的人，却始终（而且仍然）围绕着自己和他所认为的那些不公正待遇打转——无论是在过去的某个时间还是某个地方，或者纠结空虚的关系问题和哀悼错过的一切。他们把自怜带到了坟墓里，而它耗尽了后人的生活资源。

当孩子们比父母更成熟时

  这是一个真正字面意义上的资源耗尽，你没有任何东西可以给你的孩子继承，因为你已经把钱花在了豪华游轮、整容手术、抗衰老治疗、阳光明媚的度假地、古董车比赛、温泉疗养地、烛光晚餐、昂贵的爱好上。

  自我怜悯也是一种非常有效的防御机制：当我忙于自己的痛苦时，我没有注意到以自我为中心的偏执给别人带来多少痛苦。然后，

"银发冲浪者"——在终生寻找完美的浪潮之后——乘着最后一个波浪,迈向破碎。

我有越来越多的病人与他们的父母没有(或几乎没有)联系。父亲住在某个岛上,母亲有一个新的男朋友,年龄和她儿子差不多大。父亲只有在需要帮助的时候才会联系,而母亲则是在感到非常孤独的时候才会联系。或许父亲给他的情人送奢侈品,但不想支付孩子的抚养费或学费,但由于他太富裕,他的孩子们甚至没有获得教育补助金[①]。

成年子女通常会忍耐几年,但后来往往会彻底断绝关系。子女继承债务的情况并不少见。在一个病人的案例中,我感到震惊的是,在法律上几乎没有任何约束,以至于她年轻的人生不得不围绕着如何解决她父母遗留下来的债务问题而活。

另外,在我看来,越来越少的祖父母还能抽出时间(或觉得有兴趣)来照看孙辈,以减轻下一代的负担。最近,我看到停在我车前的一辆露营车上写着:"格特爷爷建议:死前走遍天下,否则旅行的就是你的继承人!"

晚期现代老龄化的两个方面

像格特爷爷这样的说法,在慕尼黑和在石英城(美国城市)听起来是不一样的,这一点是肯定的。在德国,世界金融危机并没有

[①] 德国政府发放给大学生的教育补助金,领取条件以及金额大小视父母的收入水平而定。

导致婴儿潮一代以及几代人的生活轨迹出现如此剧烈的断裂和动荡。在慕尼黑,没有房产泡沫破裂;相反,房产所有者的财富继续增多。另外,在德国很少有人依靠股票作为唯一的退休保障,几乎每个人都有医疗保险。没有人在年老时还需要偿还助学贷款,而且人们至少还有稍高的且最重要的是无限期的养老金。

同时,我也知道,在德国国内,慕尼黑不能与其他落后地区相比。尽管如此,我们总体来说仍然生活在一个社会市场经济中,这在全球范围内已经很罕见。与美国的不得不劳作的老年打工人相比,这一点变得很明显。

神采奕奕的银发冲浪者和无法退休的年迈工作游民,似乎是生活在晚期现代性工业国家的老年人的两张面孔——或者说,这两张面孔正变得越来越典型。在这里,那些能够(或可能)继承和遗赠更多遗产的人与那些在生命结束时既不能继承也没有任何东西可以遗赠的人之间的鸿沟似乎也在扩大;那些似乎每年都在变得年轻的人与那些门牙缺失、因拖拽重物而驼背的早衰者之间的差距也在扩大。我们的代际契约已经处于摇摇欲坠的状态。如果我们越活越长,谁来买单?

日益增长的可行性压力和未来的双等级医疗

与衰老的抗争一旦有了可行性,老人和病人可能会面临污名化的威胁。人们如果不能或不愿参与抗争衰老,很快就会陷入解释的困境。拒绝者将越来越需要自证清白。如果你没有保持足够的健康,没有充分地增强你的免疫系统，没有足够健康的饮食，甚至只是看起来不够年轻，这将很快成为你自找的问题（自己的罪过）。

如果我们相信辛克莱尔教授的话，如果我们不能或不想被"表观遗传学改造"，很快就得有充分的理由说明为什么不这么做。因此，社会对年老体弱——也包括肥胖或糖尿病等——的同情心可能会越来越少。"你自找的。现在你正在为你的落后付出代价。如果你认为自己可以不这样做，那必须承担后果。或者在95岁时就死去吧，这是你自作自受！"

也可以说，辛克莱尔教授所宣称的老年的终结和未来的革命性医学将只适用于那些生活在晚期现代阳光下的人，并只会对他们有用。对世界上绝大多数人来说，能享受可以满足需求的基本医疗护理，直到晚年，那就很幸运了。对于很多人来说，基本的医疗服务绝不是一件理所当然的事情。他们经常面临一个困难的决定：是把钱花在药品、汽油、健康食品上，还是给孙女买个圣诞礼物更好。

总结

我们正在努力地成功完成"停止衰老"或"永远年轻"的实验。如果辛克莱尔教授的预言成真，在不久的将来，我们将多出40%的健康年华。

但我们该如何使用这些多得到的岁月呢？自我的完整性将是目标，绝望和艰辛则是焦虑的表现。衰老焦虑想描述的是这个最大和最后的整合性挑战的失败：没有沉着、平静，没有来自年轻一代的友善支持，却以最佳状态和顶级身材走向死亡。

在老年时不陷入苦涩的人生一直是我们一生中的挑战，并仍将是一个巨大的挑战。老年时困扰我们的困难、忧虑和痛苦越多，不甘感就越普遍。但在这里，人类似乎又不乏自相矛盾之处。例如，对没有退休金的"流浪者"来说，艰辛的焦虑似乎并不比坐在躺椅上的"银发冲浪者"更普遍，尽管后者买对了股票，还拥有自己的医生来应对所有可能的情况。

为什么过于以自我为中心会让我们在晚年越来越焦虑？

能够完全按照自己的想法过几十年的生活其实并不现实。一方面，缺乏接受心态的过度以自我为中心会导致不甘和焦虑。另一方面，没有得到父母足够支持的孩子有可能过多地或过早地争取自己的自主权和自给自足——无论是在情感上还是在经济上——而且这种争取高于一切，他们没有太多尝试和探索的空间，他们经常会有压力感，认为必须靠自己独立解决一切问题，而且要尽可能快地完成。计划失败时，他们会感到缺乏家庭的支持。在潜在的（往往是无意识的）焦虑的安全需求影响下，这经常会导致持续的紧张和对事业的过度执着。

我们能做什么？

每过十年，我们就会将自己看得更轻，把重心更多地投注到下一代身上。我们为他们铺平道路，让我们自己后退，让他们成长。让生活顺其自然，接受、拥抱生活中不可避免的事情，愉快地和从容地接受这种自然的发展，这正是斯多葛主义哲学的精神所在。

而对于年轻的人来说，他们应该在某个时刻不再等待，把生活掌握在自己手中，学会独立行动，从而避免在通往老年的漫长道路上变得不甘心。

总的来说，我们应该少做比较：不要将老年人和年轻人相比较，也不要将年轻人与老年人相比较。每个人都应该好好关注自己当下的人生阶段。

在最后的岁月里，人们应该考虑的是，在离世前应该与谁和解。一个人应该在死亡到来之前得到一个答案。既然我们不知道自己还剩下多少时间，我们就应该尽早开始思考这个问题。

21　对追求永恒的焦虑

＃数字灵魂的归处不是天堂，而是云端。

　　以色列通史学家尤瓦尔·诺亚·赫拉利在谈到新千年的数据依赖背景时，提到了"数据主义"这一新的全球性信仰。它已经不再是一个单纯的预言。像每个宗教一样，数据主义也有它的戒律——首要的一条是，一个数据主义者应该通过连接越来越多的媒体、生产和消费越来越多的信息来最大化数据流；另一条戒律是，所有的一切都应该与系统相连，甚至包括那些还不愿意被连接的背离者。

　　而最大的罪过是阻断数据的流动。赫拉利在他的《未来简史》（*Homo Deus: A Brief History of Tomorrow*）一书中提出的目标是万物互联，即无缝联网，一个没有漏洞或盲点的网络。

　　正如相信一切美好的事物都取决于经济增长，数据主义者相信一切美好的事物——包括经济增长——都取决于信息自由。今天，数据主义者声称我们的言行是大数据流的一部分，算法可以更好地调节我们的生活,而且它们正在绝对可靠地、无所不知地照顾着我们的一切。

为拍出最好的照片而活

今天,几乎所有人旅行时都带着手机(相机),对着一切拍照。我们不再只是度假了,而是在寻找最好的拍照机会,为自拍寻找壮观、让人惊叹的背景,使自己在社交媒体上看起来最棒。谁会静下心来问自己:我现在的感觉是什么?谁还会坐在石头上,掏出笔记本,试图把自己的感受写成文字,冥想甚至祈祷?

不,我们更忙于寻找给智能手机充电的电源插座,不能忘记自拍杆,并至少拍下一张我们认为对于社交媒体和数据流来说有足够轰动性的或有意义的照片。

如今,现实中的旅行伙伴或旅行中认识的人往往只能得到仅剩的不多的关注。然后,人们还要在社交媒体或社群里发布旅行"战利品",并每隔两分钟查看一次账号,看看可能已经收到了多少个"赞"或代表嫉妒的"踩",后者是因为"旅行伙伴没有我"。写私人的日记——早些年的常见做法——对今天的许多年轻人来说似乎完全失去了意义。

正如赫拉利所描述的,如果说人文主义过去宣称的是"听从你的感觉",数据主义现在要求的则是"听从算法,它们知道你的感觉"。这种发展确实让有些人感到恐惧和担忧,但事实上,数百万人心甘情愿地接受了这样的发展。今天,许多人已经在很大程度上放弃了隐私,他们的生活更多发生在网上,而非线下。如果与不知名观众的联系被打断,他们的反应会越来越歇斯底里,哪怕只是短暂的中断。

权力从人类向算法的悄然转移正在发生。数据主义刚开始时是一种中立的科学理论,但现在它正在变异,声称可以决定什么是正确、什么是错误,最高价值是信息的流动。"如果有意义的生活等同于信息的流动,那么我们就应该扩大、加深和加强宇宙中的信息流。"赫拉利在《未来简史》一书中如此分析在 21 世纪的人类以及我们想掌控一切的野心,即加大信息流并在其中找到意义。

不会过期的记忆扩展器

一个例子是来自多伦多的安德鲁,他的围绕记忆扩展器(memory extender,MEMEX)的激进生活。如果你要分享你所有的经历、思考、感觉和所做的一切,并合并这些数据,你将拥有一个记忆扩展器。但与人类的记忆不同,记忆在记忆扩展器中不会衰退,所以它们也不会过期。今天的几代智能手机配备了摄像头、麦克风、传感器和 GPS,不仅自动记录了我们没有明确声明要保护的一切内容,还将这些数据的很大一部分汇集到云存储中。因此,这么说来我们所有人不是都已经在我们的智能手机上拥有了一个记忆扩展器吗?

还没有。作家兼电影制片人莫里茨·里瑟维克(Moritz Riesewieck)和汉斯·布洛克(Hans Block)认为,我们现在还没有真正拥有这样的东西,只是因为我们用于快速交流的服务(仍然)属于不同的公司,因此我们的数据集(仍然)是彼此分开存储的:搜索引擎、地图导航软件、社交媒体、拍照应用程序、音乐软件、购物平台和视频网站等。

数字克隆的完美原型

作为一个完全的数据主义者,安德鲁已经在以毫不妥协的决心,践行着激进数据主义。15年以来,这位加拿大人一直在记录他日常生活的每一秒:他的每一次散步,每一个动作,他与其他人的每一次对话,他的活动轨迹,每一顿饭,通过聊天应用发出的每一条信息,他听的所有音乐,他读的每一行电子书(只记录他真正读过的那一行),他看的电影的每一个场景。一天24小时,一周7天,一年365天,15年,仍在持续。

安德鲁似乎是创造数字克隆人的完美原型,因为他多年来一直在记录关于自己的大量数据。这就是数字永生公司所宣扬的:算法提供的数据越多,它就能越精确地在我们死后生成数字形象。

安德鲁谈到了他的童年及他对一切事物进行整理和分类的倾向:"当我还是个孩子的时候,我喜欢整理我的玩具多于玩玩具。我真的很喜欢乐高玩具,但我特别喜欢的是把每一块乐高零件放在正确的盒子里。我有一个大盒子,里面有小盒子,我会整理乐高零件,每次都把它们摆放整齐,放在不同的盒子里。我真的很享受这个过程。"

关于安德鲁的报告令人印象深刻，对过去的完全量化和保存也许可以让我们辨别出他的行为模式。然而，恰恰是这种永久性的回顾使安德鲁无法活在当下，无法在此时此处继续和重新发展自己，无法创造出东西——那些无意间产生的新东西，他本来可以真正重新体验的新东西。

相反，他与汉斯和莫里茨坐在多伦多某处美丽的公园里，全程只谈及他上次来这个公园的情况，这意味着他在这次到访中根本没有经历任何新东西。因此，在他的下一次到访中，安德鲁将能够在他的记忆扩展器中读到，上次他在同一个公园的长椅上，说着在上上次来公园时发生了什么，成为一个永恒移动的机器。

这就好像是一个寓言，说明人只可能生活在当下。我们不可能再活在过去，我们也不可能提前活些什么。不，我们只能坐在公园的长椅上思索，看着一片叶子慢慢飘向地面，也许在那一刻，我们突然有了一个开创性的想法或一个能彻底改变生活的认识。而在那之后，我们的生活就完全不同了。

据说艾萨克·牛顿（Isaac Newton）顿悟到万有引力定律时，也是在一个公园里。他漫无目的地做着白日梦，躺在一棵苹果树旁，在夏末的日子里，除了看落下的果实，没有别的更好的事情可做。当他——以及随后的全人类——理解了这些自然规律之后，世界就无可挽回地变成另一个样子了。然后，我们就不能再回到发现这些见解之前的时代了。一种思想——有时只是一种感觉或直觉——引发了某种变化，成为不可或缺的存在。这种思想一旦诞生了，就不可能再被丢弃掉。它是一种知识，永远改变和塑造了新的生活轨迹。

我们应该创造条件，不需要记住所有的东西，而只记住那些在认知上和情感上重要的东西。在整个生命过程中，什么对我们来说意味着重要性和相关性？这只有通过回答"生命的意义是什么"这个问题才能得到答案。这个问题在成年早期就需要有一个答案，否则到了老年就会有很多遗憾。

数字灵魂的归处不是天堂，而是云端

大数据、行为分析和模式识别，旨在通过提出问题来解决问题。如果我试图通过强迫性地分析自己的行为来治疗强迫症，结果可能只会培养更多新的强迫行为，失去更多内在的自由度，成为自我监控和永久自我关注的奴隶。如果我这样持续下去，直到生命终结，我也许可以把我的生活完整地保存在一个 MEMEX 中，让后人继承。然后，后人们可以将其称为"爸爸的数字灵魂"，并把那镀金的硬盘像骨灰盒一样摆放在窗台上。但是，如果爸爸的生活并不是为了必须能被保存在一个硬盘中，那他的生活又会有多少精彩呢？我们究竟需要多少知识？又有多少知识对我们而言是真正有意义的呢？

我们需要更多地生活在当下，更少地生活在过去或未来。对我们大多数人来说都应如此。然而，对有些人来说，他们真的根本不想回顾过去或展望未来，两者都是出于恐惧。前者害怕不舒服或痛苦的真相，因此要压抑、否认或忘记这些真相，所以审视过去成为一种禁忌。遗忘也是一种防御机制，而这正是其本质所在——通常被人们所忽视。后者则因为害怕可能发生的事情而不去展望未来。

这不是为未来做好准备的方式，不管是什么样的将来。

但大部分的人应该少纠结于过去和未来。伍迪·艾伦（Woody Allen）曾经说过："你只能在这个世界上买到一个独一无二的炸肉排。"而且你只能在当下吃掉它。你不能把吃过的肉排再吃一次，不能因为你对吃过的肉排强烈的想念，或者因为你把它保存在你的MEMEX中，并回顾上次去餐馆的情景就能再吃它一次。而且你不能在服务员上菜之前吃炸肉排。所以，我们应该为炸肉排、当下和现实干一杯！

虚拟现实中的复活

一位来自韩国的母亲想再次与她已故的女儿告别。在现代技术和一家电视台的帮助下，她得到了这个机会。她的女儿娜妍在2016年因白血病去世，当时她只有7岁。3年后，这位母亲在韩国电视节目中再次见到了她的女儿。两人站在一个公园里聊天，一起庆祝娜妍的10岁生日。母亲俯下身子，抚摸着女儿的脸。小娜妍穿着紫色的裙子，站在她面前，问候她："妈妈，你去哪里了？我太想你了！你也想我吗？"她的母亲回答说："我想你，娜妍。"然后含泪向她的女儿伸出手。颤抖的母亲头上戴着VR头盔，手上戴着巨大的触觉感应手套，站在一个绿色摄影屏幕前。

这位年轻母亲看到了一个公园。一切看起来都像是从图画书中走出来的，有五颜六色的花朵，有像格林童话中一样的小木屋，还有明亮的蓝天、可爱的粉色云朵。然后她的女儿向她走来。和她（去世前）7岁时的样子一模一样，女儿有一头闪亮的黑发，穿着一件紫色的夏装，那是她在过世前不久穿的。女儿有着和以前同样的动作和匹配的声音，这是软件历时8个月，通过她女儿的数据训练而实现的。桌子上有一个虚拟蛋糕，母亲在绿幕前拍着手，唱着"生日快乐"。当她看到她的女儿在草地上吃东西、笑和嬉戏时，她久违地笑了。

你可以在油管上看到这些非常令人动容的场景。可以看到一个母亲戴着VR眼镜和感应手套在绿幕前啜泣，而且她没有抚摸到她女儿的头，在现实中，她只是不断地在虚空中伸手。在视频的最后，娜妍进入了梦乡。她说，她很累，并向她的母亲保证："你看到啦，我一点都不痛了。"

实际上，人们不忍再看下去了。因为人们希望这个家庭在多年的悲伤之后能够独自度过与女儿在一起的这段时光。

新闻报道了这位母亲后来的感想："3年后的今天，我想我应该更多地去爱我的女儿，而不是去思念她。"

这真的让我很高兴。如果这位母亲真的说了这句话，与已故女儿的虚拟相遇确实会引发完全正确和健康的发展：从对命运打击和巨大损失的抱怨转变为心中有爱，在爱里包含着尊重。这意味着母亲在情感上与女儿的连接，即使在女儿死后仍然能被感知并保有生命力，不仅仅是冰冷的数据。否则数字模拟只能支持对这个丧失（失去女儿）的主观否认。在主观否认这种心理防御的状态下，一个人没有发展可言。

这家将母亲和女儿在虚拟空间中联系在一起的韩国公司叫"这之后"（HereAfter）。在他们的网站上，两位创始人将他们的使命描述如下。

我们深信，声音源自挚爱之人，
永不应失落于时光长河。

我们深信，每个人都应有权，
将智慧、知识和生命之旅，
铭刻于记录之中。

我们相信，对话式人工智能，
开启了崭新而强大的通途——
分享每一个故事，
那些构成我们身份的抉择。

这首关于这家公司的使命之诗，显然与信仰有很大关系。再点击一下，就是他们所有的业务了。数字化永生，每月订阅价格如下。

入门版：7 美元，

未来主义者版：15 美元，

传承大师版：25 美元。

你无须信念与信仰，只需要付费。

"神圣"的数据流

大多数人似乎（仍然）对所有这些发展感到由衷的高兴，或者至少是没有什么担忧，或者很少关注到这些发展。但对于真正的数据主义者来说，长期与数据流脱节简直是对生命的威胁。如果不能在全球范围内交流，不能被全球感知，他们似乎很快就会失去生活的意义。如果做了一件事，只有自己一个人知道，有什么意义呢？也就是说，如果没有人知道这件事，没有对全球的信息交流和数据流作出贡献，哪怕很微小，这个体验还有意义和价值吗？患有强迫性交流焦虑的人，也就是有交流强迫症的人，只有在交流的情况下才能认识到生命的意义，他会毫不犹豫地这样回答前面提出的问题：绝对没有意义！

数据主义者认为，0和1已经足够了。一切都可以用它们来表达。存在或不存在，就这么简单。没有怜悯，只有精确。存在就是1，不存在就是0，这就够了。数据主义者想要的是明确性，是现实的逐步统一，没有差距和盲点，没有浑浊和黄昏。完美的光明，没有可以躲藏的阴影。至此，赫胥黎的理念完美实现。

我们只需要记录我们所有的经验，将所有的东西尽可能地与大数据流联系起来。然后，算法可以识别出模式，并使模式有意义——我们的意义。数据可以告诉我们应该以及想要做什么。在理想中，这一切都融为一体。

同时，他们甚至声称数据知道你想要什么和将来想要什么，甚至你现在爱谁和将来会爱谁。一大堆高度相关的数据识别出我们行为选择的模式和我们最终的信仰堡垒。

数据流可以揭示我们的身份和成长轨迹，解释我们成为现在这个样子的原因。它展示了我们作出的贡献，甚至可以精确到小数点后几位，也清楚记录了我们还欠缺的贡献。数据流展示了我们贡献的哪些部分可能在数据流中永存，包括其概率、持续的时间以及原因。最后，一切都是概率，但所有的一切都很精确且显著。所有的数字都精确到小数点后，否则就被认为是不准确、无用和毫无意义的。年复一年，数据流可以对此提供更多的信息。这是一种高速发展的信念，我们在实时目睹它的生成与壮大。

我们只能作为巨大的整体数据流中的一个原子而存在下去。这是双重数据主义的核心信条："数据共享"是生命的唯一意义，而"数据递交"也因此成为最崇高的牺牲，并且是我们永恒的原始贡献。即使它只是一个小原子或一个单一基因组，或者我们的贡献只是一个单一的数据点。

而只有贡献才能给我们带来意义，无论多么微小。这是他们的咒语和第一信条。

"数据流参与"才能赋予我们存在的合理性，而激进数据主义者则承诺这种存在将永恒延续。然而——幸运的是——只有最极端的数据主义者才会走那么远。不幸的是，有些人已经开始梦想建立一个"数据主义国度"，要想进入那里，必须留下高密度的数据痕迹。

数据主义者是彻头彻尾的未来主义者，他们想打造新的乌托邦4.0，有点想法，但还半生不熟。

总结

我们对新机会的处理方式、我们对算法的崇拜，以及我们对控制和权力的近乎神一样的幻想会让人产生一种准宗教式的追随和虔诚。大数据、行为分析和模式识别想通过问题来解决问题，但强迫性地分析行为，我们只会失去更多的自由度，成为自我选择的全面监控和自我关注的奴隶。

"我分享，故我在。"这是数据主义者的笛卡尔格言（类比笛卡尔的"我思，故我在"），是那些相信未分享的经验本身不再有任何价值的数据主义者的观点。所以有越来越多的推文，却几乎没有人写日记了。强迫性交流焦虑描述了一种近乎强迫的、要把自己的想法分享给他人的冲动。好像只有这样，才能被尽可能多的人纳入一个大的整体，即大他者中的一小部分，成为生命的中心——甚至唯一意义。然而，这样一个对自我的定义，是极其脆弱和易受伤害的，那些沉溺于分享瘾的生命，即使有死后的虚拟形象以及数据主义者的所谓的永恒承诺，也无济于事。

为什么保存一切的强迫症会让我们越来越焦虑？

我们可以自主掌握的东西越来越少了。同时，把自我价值感建立在外界认可的基础上本来就是脆弱的，而且这种脆弱可能会一直存在。当我们分享的内容被拒绝时，发送者可能会感到彻底被排斥和毫无价值。如果存储的个人数据遭到黑客攻击，或者火灾导致生命数据损失，这将毁掉一个人视为比享受每一刻生活和体验更为重要的生命成就。失去生命数据甚至可能引发对现实生活安全的担忧。长此以往，这种持久的（潜在的）对我们作为人的个体价值的威胁会固化，使我们的情绪更加不稳定，心情更加焦虑。

我们能做什么？

少在全球的网络上分享，少向不知名用户透露信息，少记录和计划。我们应该更多地一对一倾诉，不带滤镜地展示真实的自我。选择少数但优质的朋友，还要定时地与他们见面和拥抱。我们应该多沉思，少保存。我们要相信那些在乎我们的人、我们与之分享过欢乐和痛苦的人，他们不会忘记我们的分享。我们应该在生活中而不是在网络上寻求和发现生命的意义。而且，我们应该在读完这最后几行后，立即开始这样行动。

后记　这可能会变得很有趣

尤瓦尔·诺亚·赫拉利在2019年与脸书创始人马克·扎克伯格的一次对话中提到了一个引人深思的观点："没有人比那些仍然相信自由意志的人更容易被操纵，他们天真地认为这些想法或这些欲望只是他们自己的……硅谷的许多公司原本只想卖给我们一些我们并不真正需要的东西。但今天，他们正在销售我们完全不需要的主义，而且在世界历史上第一次有了这样的能力……对我有恶意企图的人过去对我的了解并不比我母亲多，而我母亲非常了解我。"

马克·扎克伯格回答说："我想我对这一切的看法更乐观一些！"两个人都笑了，彼此心照不宣。

在阅读这本书时，我希望您没有失去您的幽默感，因为您还需要它。没有幽默感，我就无法完成这本书。而没有幽默感，我们将无法应对21世纪的所有挑战。至少，我做不到。没有什么比能够（仍在或再次）自我调侃、自嘲的艺术更能帮助我们对抗各种焦虑。幽默需要与自己或世界保持精神上具有创造性的距离，使神经的紧张、过度的自我关注和自我放纵能得到控制。不幸的是，这只适用于适当的和诙谐的幽默。不适当的幽默只会使事情变得更糟，甚至是焦虑本身的表现。

经得起生活考验的现实主义和幽默可能是任何焦虑的最大敌

人,因为它们能笑谈不同的事情,而这是一件好事。

  我祝愿本书的所有读者有一个成功和充实的生活,可以是向前迈出第一步,也可以是更进一步。我祝愿每个人都有很大的力量和勇气来处理他们自己生活中仍然需要纠正或完成的篇章。

约翰内斯·赫普

于德国慕尼黑

内 容 提 要

本书深入研究了算法的加速是如何使我们变得越来越焦虑的，以及我们可以做些什么。本书分为三部分——"爱""工作"和"意义"，向我们介绍了社交媒体时代的21种焦虑。内容涉及范围广泛，从数字化孤独，到教育竞争，再到追求独特、自我优化的焦虑等。通过具体的建议、个人经验和心理治疗实践中的例子，作者对算法时代进行了敏锐但也充满希望和幽默的讨论，帮助我们增强心理韧性，并在数字丛林中找到安全的出路。

图书在版编目（CIP）数据

数字病人 /（德）约翰内斯·赫普（Johannes Hepp）著；晏松译 . -- 北京：中国纺织出版社有限公司，2025.2. -- ISBN 978-7-5229-2087-0

Ⅰ . B842.6-49

中国国家版本馆CIP数据核字第20248P4S00 号

责任编辑：朱安润　关雪菁　　责任校对：寇晨晨
责任印制：王艳丽

中国纺织出版社有限公司出版发行
地址：北京市朝阳区百子湾东里 A407 号楼　邮政编码：100124
销售电话：010—67004422　传真：010—87155801
http://www.c-textilep.com
中国纺织出版社天猫旗舰店
官方微博 http://weibo.com/2119887771
北京华联印刷有限公司印刷　各地新华书店经销
2025 年 2 月第 1 版第 1 次印刷
开本：880×1230　1/32　印张：10.75
字数：232 千字　定价：78.00 元

凡购本书，如有缺页、倒页、脱页，由本社图书营销中心调换原文书名：Die Psyche des Homo Digitalis. 21 Neurosen, die uns im 21. Jahrhun
herausfordern
原作者名：Johannes Hepp
Original title: Die Psyche des Homo Digitalis. 21 Neurosen, die uns im 2
Jahrhundert herausfordern
by Johannes Hepp
© 2020 by Kösel-Verlag, München
a division of Penguin Random House Verlagsgruppe GmbH, München, Germany.
All rights reserved.
Simplified Chinese copyright © 2024 by China Textile & Apparel Press

本书中文简体版经 Kösel-Verlag, München 授权，由中国纺织出版社有限公司独家出版发行。
本书内容未经出版者书面许可，不得以任何方式或任何手段复制、转载或刊登。

著作权合同登记号：图字：01-2024-2400